广联达 **BIM** 系列实训教材

BIM全过程造价管理实训

BIM QUANGUOCHENG

ZAOJIA GUANLI

SHIXUN

主　编　张玲玲　　刘　霞　　程晓慧

副主编　冯　伟　　李　冬　　刘　钢

重庆大学出版社

内容提要

本书是基于BIM技术模拟整个工程造价管控中的概算、预算、结算、审核等业务一体化，让学生能够掌握未来工作场景中的实际业务，并且能够通过BIM技术进行项目管理应用，加强学生的BIM应用能力和实际业务能力的培养。本书共7章，主要内容包括：广联达云计价平台GCCP5.0简介、绪论、基于BIM的工程概算、基于BIM的工程预算、基于BIM的工程验工计价、基于BIM的工程结算计价、基于BIM的工程结算审计。

本书可作为高等学校工程造价、工程管理、土木工程等专业的教学用书，也可供工程技术人员参考学习。

图书在版编目(CIP)数据

BIM全过程造价管理实训 / 张玲玲，刘霞，程晓慧主编. --重庆：重庆大学出版社，2018.9（2025.1重印）

广联达BIM系列实训教材

ISBN 978-7-5689-1196-2

Ⅰ.①B… Ⅱ.①张… ②刘… ③程… Ⅲ.①建筑工程—工程造价—应用软件—技术培训—教材 Ⅳ.①TU723.3-39

中国版本图书馆CIP数据核字（2018）第221160号

广联达BIM系列实训教材

BIM全过程造价管理实训

主 编 张玲玲 刘 霞 程晓慧
副主编 冯 伟 李 冬 刘 钢
责任编辑：刘颖果　　版式设计：刘颖果
责任校对：杨育彪　　责任印制：赵 晟

重庆大学出版社出版发行

出版人：陈晓阳

社址：重庆市沙坪坝区大学城西路21号

邮编：401331

电话：（023）88617190　88617185（中小学）

传真：（023）88617186　88617166

网址：http://www.cqup.com.cn

邮箱：fxk@cqup.com.cn（营销中心）

全国新华书店经销

重庆升光电力印务有限公司印刷

开本：787mm×1092mm　1/16　印张：12.25　字数：292千
2018年9月第1版　　2025年1月第5次印刷
印数：7 501—9 000
ISBN 978-7-5689-1196-2　定价：59.00元

编委会

前言
FOREWORD

　　当前我国正处于工业化和城市化的快速发展阶段,在未来 20 年也具有保持 GDP 快速增长的潜力,建筑行业已经成为国民经济的支柱产业,中华人民共和国住房和城乡建设部也提出了建筑业的十项新技术,其中就包括信息技术在建筑业的应用。信息化是建筑产业现代化的主要特征之一,BIM 应用作为建筑业信息化的重要组成部分,必将极大地促进建筑领域生产方式的变革。尤其是在近几年,国家及各地方政府也相继出台了 BIM 标准及相关政策,对 BIM 技术在国内的快速发展奠定了良好的环境基础,2015 年 6 月由住房和城乡建设部发布的《关于推进建筑信息模型应用的指导意见》(建质函[2015]159 号)是第一个国家层面的关于 BIM 应用的指导性文件,充分肯定了 BIM 应用的重要意义。

　　同时,随着 BIM 技术的不断发展,它不仅颠覆了原来的造价构成,冲击了原有的计价方法,重构了工程造价管理体系,而且标志着真正意义的工程造价全过程精细化管理时代的到来。当 BIM 发展起来后,工程造价管理工作的重心就要由"造价确定到造价控制"进行转变,如图 1 所示。

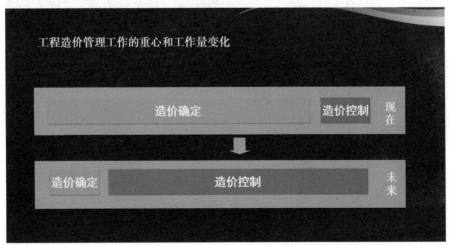

图 1　工程造价管理工作的重心和工作量变化

造价人员的岗位职能也由单纯的工程计价转变为全过程工程造价管理,如图2所示。

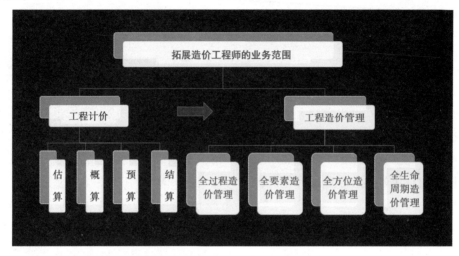

图2 拓展造价工程师的业务范围

工程造价专业人员的技能和职责,也将从建模和计量一步步迈向价值管理工作,最终适应信息化和以造价管理为核心的多目标管理的发展要求,创造价值,如图3所示。

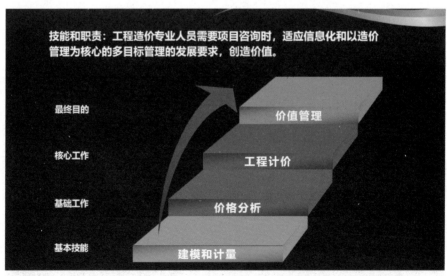

图3 工程造价人员能力等级要求

　　传统造价管理的现状是各个阶段都是割裂的、片段的,不能形成体系和整体。而且在管理过程中,往往是工程一开始做预算,工程一结束做结算,最终完成后才能得到整个工程的确切造价,所以,很多工程经常到最后才会发现项目亏损,或者因为工程量变更及合同问题与业主纠缠不清。因此,现在越来越多的企业已逐渐认识到了全过程造价管理的必要性。

　　BIM 技术提供了集成管理环境,其可让项目各个阶段和项目参建各方更好地协同工作。BIM 技术实现的造价过程模拟,可以更好地实现事前控制,从而实现项目投资效益的最大化,并有助于项目全过程的造价控制。

　　对此,我们对建筑类相关专业 BIM 能力的培养有针对性地制订了相应的实训课程,该实训课程基于一体化实训的理念,实现了 BIM 技术在建筑工程全生命周期的全过程应用,如图 4 所示。

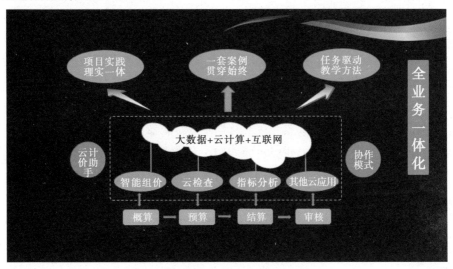

图 4　BIM 全过程造价管理实训课程

　　《BIM 全过程造价管理实训》一书是基于 BIM 技术模拟整个工程造价管控中的概算、预算、结算、审核等业务一体化,让学生能够掌握未来工作场景中的实际业务,并且能够通过 BIM 技术进行项目管理应用,加强学生的 BIM 应用能力和实际业务能力的培养。其任务是:通过 BIM 全过程造价管理实训,以任务为驱动,让学生系统地了解、熟悉和掌握基于 BIM 技术的建设工程造价全过程的内容、方法与具体措施,并了解及掌握在实际项目中的业务场景和业务知识点,使学生初步具有运用 GCCP5.0 软件进行全过程造价管理的能力,为学生毕业后从事基于 BIM 的建设工程造价工作打下坚实的专业基础,如图 5 所示。

图 5　BIM 全过程造价管理实训课程内容

为了使教材更加适应应用型人才培养的需要,我们做出了全新的尝试与探索,但限于编者的认知水平不足,疏漏及不当之处敬请广大读者批评指正,以便及时修订与完善。非常感谢苏州建设交通高等职业技术学校刘霞老师、甘肃建筑职业技术学院李冬老师、北京经济管理职业学院冯伟老师、湖南交通职业技术学院刘钢老师、武昌工学院张西平老师、上海城市管理职业技术学院柳婷婷老师、河南城建学院殷许鹏老师、贵州水利水电职业技术学院程晓慧老师、北京国煤建装饰有限责任公司王元甲工程师、甘肃弘昊建设集团有限公司张军平工程师在教材编制中的辛勤付出。同时为了大家能够更好地使用本套教材,相关应用问题可反馈至 zhangll-a@ glodon.com,以期再版时不断提高。

本书配套的教学资源包,教师可以加入"工程造价教学交流"QQ 群 238703847 下载。

张玲玲

2018 年 6 月 15 日

目录
CONTENTS

4　基于 BIM 的工程验工计价

5　基于 BIM 的工程结算计价

6　基于 BIM 的工程结算审计

0　广联达云计价平台

GCCP5.0 简介

0.1 业务模式介绍

广联达云计价平台是一个集成多种应用功能的平台,可以进行文件管理,并能支持用户与用户之间、用户与产品研发之间进行沟通;包含个人模式和协作模式;对业务进行整合,支持概算、预算、结算、审核业务,建立统一入口,各阶段的数据自由流转,如图 0.1 和图 0.2 所示。

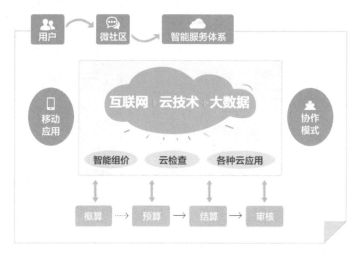

图 0.1　广联达云计价平台总述一

图 0.2　广联达云计价平台总述二

0.2 界面划分

广联达云计价平台 GCCP5.0(以下简称 GCCP5.0 软件)的主界面主要划分为 3 个区域,即一级导航区、文件管理区和辅助功能区,如图 0.3 所示。

图 0.3　广联达云计价平台的主界面

0.3 界面功能介绍

1)一级导航区

一级导航区如图 0.4 所示,其包含以下内容:

图 0.4　广联达云计价平台的一级导航区

①包含工作模式的转换,分为个人模式和协作模式;
②包含账号信息和消息中心;

③右上角包含反馈和帮助。

2)文件管理区

文件管理区如图 0.5 所示,主要通过以下几种方式对文件进行管理:

图 0.5　广联达云计价平台的文件管理区

①新建:可以新建概算项目、招投标项目、结算项目、审核项目,如图 0.6 所示。

图 0.6　新建项目

②最近文件:显示最近编辑过的预算文件,直接双击文件名可以打开文件,如图 0.7 所示。

图 0.7　最近文件

③云文件:是一个在线云存储空间,分为企业空间和我的空间,打开该空间的文件可以直接编辑保存,如图 0.8 所示。

图 0.8　云文件

④本地文件:提供用户存放及打开文件的路径,系统默认的工作目录是 C:\Users\user. GRANDSOFT\Desktop,如图 0.9 所示。

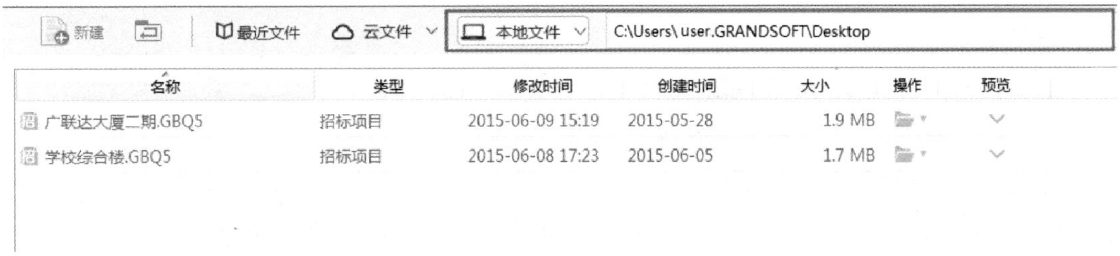

图 0.9　本地文件路径

这几个位置的文件都允许预览(见图 0.10),不需要打开工程就能查看工程的简单信息。

图 0.10　云文件信息查看

选中某工程,单击鼠标右键,还可以进行打开、删除、刷新、转为验工计价、转为审核、预览等操作,如图 0.11 所示。

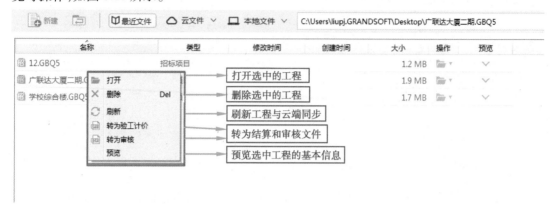

图 0.11　选中某工程进行其他操作

3)辅助功能区

辅助功能区包含工作空间和微社区。

①工作空间:包含工具和日程管理,如图 0.12 所示。

②微社区:包含个人中心、圈子、建议池。

a.个人中心:显示用户的账号信息和签到领取造价豆,并能查看相应的广联达社区消息,如图 0.13 所示。

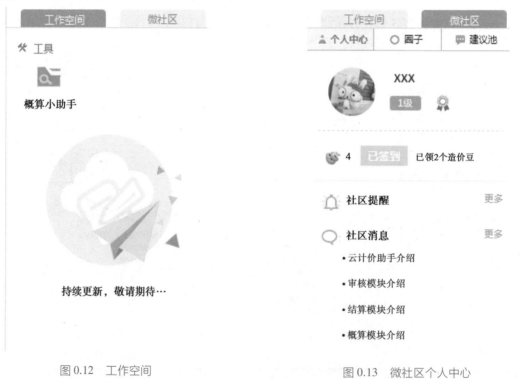

图 0.12　工作空间　　　　　　　　　　图 0.13　微社区个人中心

b.圈子:与圈内人员互动,共同讨论计价,如图 0.14 所示。

c.建议池:直接提建议,可以与产品开发商直接沟通,并能查看其他造价小伙伴们关注的问题,如图 0.15 所示。

图 0.14　微社区圈子

图 0.15　微社区建议池

0.4　云计价平台主界面的最小化和最大化

通过单击主界面右上角的最小化按钮█,可将云计价平台主界面放置在状态栏中;鼠标双击再次展开或者单击鼠标右键选择"打开主面板"可使其最大化,如图 0.16 所示。

图 0.16　选择"打开主面板"

0.5 云计价平台的登录

登录是进入云计价平台的入口,其操作步骤如下:

1)在线登录

第 1 步:双击软件图标,打开登录界面,软件自动检测加密锁类型及所属企业,如图 0.17 所示。

图 0.17　在线登录一

第 2 步:输入已经与企业广联云账号关联的广联云用户名和密码,单击"登录"按钮,进入主界面,如图 0.18 和图 0.19 所示。

图 0.18　在线登录二

图 0.19　在线登录三

　　若关联的云账号还未与企业广联云账号关联,输入用户名和密码并单击"登录"按钮后弹出如图 0.20 所示提示框,询问此账号是否加入企业中,单击"加入"按钮,弹出如图 0.21 所示管理员登录窗口,输入管理员密码后,单击"添加"按钮,直接进入主界面;如果单击"使用其他账号登录"按钮,则返回到登录界面。

图 0.20　在线登录四

图 0.21　在线登录五

2) 离线登录

第 1 步：在未联网时，双击软件图标，打开登录界面，此时界面提示"没有联网，检测不到加密锁归属企业"，如图 0.22 所示。

图 0.22　离线登录

第 2 步：不需要填写用户名和密码，直接单击"离线使用"按钮(见图 0.22)，直接进入主界面。

1 绪 论

1.1 BIM 简介及发展前景

1.1.1 BIM 的定义

BIM 是英文 Building Information Modeling 的缩写,国内比较统一的翻译是建筑信息模型。美国国家 BIM 标准对 BIM 的含义进行了 4 个层面的解释:"BIM 是一个设施(建设项目)物理和功能特性的数字表达;一个共享的知识资源;一个分享有关这个设施的信息,为该设施从概念到拆除的全生命周期中的所有决策提供可靠依据的过程;在项目不同阶段,不同利益相关方通过在 BIM 中插入、提取、更新和修改信息,以支持和反映其各自职责的协同作业。"国际标准组织设施信息委员会(Facilities Information Council)将 BIM 定义为:"BIM 是利用开放的行业标准,对设施的物理和功能特性及其相关的项目生命周期信息进行数字化形式的表达,从而为项目决策提供支持,有利于更好地实现项目的价值。"在其补充说明中强调,BIM 将所有的相关方面集成在一个连贯有序的数据组织中,相关的应用软件在被许可的情况下可以获取、修改或增加数据。

2017 年 7 月 1 日起实施的《建筑信息模型应用统一标准》(GB/T 51212—2016)将建筑信息模型[Building Information Modeling(BIM),Building Information Model(BIM)]定义为:在建设工程及设施全生命期内,对其物理和功能特性进行数字化表达,并依此设计、施工、运营的过程和结果的总称。

1.1.2 BIM 的特点

BIM 具有可视化、协调性、模拟性、优化性和可出图性五大特点。

1)可视化

可视化即"所见即所得"的形式。通过 BIM 技术,可以将以往的线条式构件转变成一种三维的立体实物图形,展现在人们的面前。虽然在建筑设计中也有提供效果图的情况,但这种效果图是分包给专业的效果图制作团队,他们通过识读设计图,进而以线条信息制作出来,并不是通过构件的信息自动生成的,缺少了同构件之间的互动性和反馈性,而 BIM 可视化是一种能够同构件之间形成互动性和反馈性的可视。在建筑信息模型中,整个过程都是可视化的,因此可视化的结果不仅可以用来做效果图的展示及报表的生成,更重要的是,项目设计、建造、运营过程中的沟通、讨论、决策等都可以在可视化状态下进行。

2)协调性

不管是施工单位还是业主及设计单位,无不在进行着协调及互相配合的工作。一旦项目实施过程中出现了问题,就需要将各有关人士组织起来召开协调会,寻找问题出现的原因及解决办法,做出变更或采取相应补救措施等使问题得到解决。但是这种协调属于问题出现后进行的协调。在设计时,由于各专业设计师之间的沟通不到位,常出现各种专业之间的碰撞问题,通过 BIM 技术,可以在建筑物建造前期对各专业的碰撞问题进行协调,生成协调数据,并提供出来,提前解决问题。当然,BIM 的协调作用不仅是解决各专业间的碰撞问题,它还可以进行如电梯井布置与其他设计布置及净空要求的协调、防火分区与其他设计布置的协调、地下排水布置与其他设计布置的协调等。

3)模拟性

BIM 的模拟性并不仅是模拟设计出建筑物模型,还可以模拟不能够在真实世界中进行操作的事物。在设计阶段,BIM 可以对设计上需要进行模拟的一些东西进行模拟试验,如紧急疏散模拟、日照模拟、热能传导模拟等。在招投标和施工阶段,可以进行 4D 模拟(三维模型加项目的发展时间),也就是根据施工组织设计模拟实际施工,从而确定合理的施工方案来指导施工;同时还可以进行 5D 模拟(基于 3D 模型的造价控制),从而实现成本控制。在后期运营阶段,可以模拟日常紧急情况的处理方式,如地震发生时人员逃生模拟及火警时人员疏散模拟等。

4)优化性

事实上,整个设计、施工、运营的过程就是一个不断优化的过程,当然优化和 BIM 也不存在实质性的必然联系,但在 BIM 的基础上可以做更好的优化。没有准确的信息就做不出合理的优化,BIM 模型不仅提供了建筑物实际存在的信息,包括几何信息、物理信息、规则信息,而且还提供了建筑物变化以后的实际状况。现代建筑物的复杂程度大多超过参与人员本身的能力极限,因此必须借助一定的科学技术和设备的帮助,BIM 及与其配套的各种优化工具提供了对复杂项目进行优化的可能。基于 BIM 的优化可以做以下几个方面的工作:

①项目方案优化:把项目设计和投资回报分析结合起来,设计变化对投资回报的影响可以实时计算出来,这样业主在选择设计方案时就不会主要停留在对建筑外形的评价上,而可以更多地考虑哪种项目设计方案更有利于自身的需求。

②特殊项目的设计优化:如裙楼、幕墙、屋顶、大空间等异型设计,虽然占整个建筑的比例不大,但是所占投资和工作量的比例却大得多,而且施工难度通常也较大、施工问题也较多,对这些部分的设计、施工方案进行优化,可以带来显著的工期缩短和成本降低。

5)可出图性

目前,BIM 通过对工程对象进行可视化展示、协调、模拟、优化以后,可以帮助业主出以下图纸:

①综合管线图(经过碰撞检查和设计修改,消除了相应错误以后);

②综合结构留洞图(预埋套管图);

③碰撞检查侦错报告和建议改进方案;

④设备安装过程中用于指导施工的大样图等。

当然,功能较为完善的 BIM 软件也可以出传统的设计图纸,以满足当前工程建设的需要,但是目前我国相关的标准规定还不完善。

1.1.3 BIM 的国内外应用现状

1）美国

美国是较早启动建筑业信息化研究的国家。目前,美国大多数建筑项目已经开始应用 BIM 技术,且 BIM 的应用点种类繁多。美国的各种 BIM 协会也出台了各种 BIM 标准,BIM 技术的项目应用价值已经被认可。关于美国 BIM 的发展,不得不提到几大 BIM 的相关机构。

（1）GSA

美国总务署（General Service Administration,GSA）负责美国所有的联邦设施的建造和运营。早在 2003 年,为了提高建筑领域的生产效率、提升建筑业信息化水平,GSA 下属的公共建筑服务（Public Building Service）部门的首席设计师办公室（Office of the Chief Architect,OCA）推出了全国 3D-4D-BIM 计划。3D-4D-BIM 计划的目标是为所有对 3D-4D-BIM 技术感兴趣的项目团队提供"一站式"服务,虽然每个项目的功能、特点各异,OCA 将帮助每个项目团队为其提供独特的战略建议与技术支持,目前 OCA 已经协助和支持了超过 100 个项目。

GSA 要求从 2007 年起,所有大型项目（招标级别）都需要应用 BIM,最低要求是空间规划验证和最终概念展示都需要提交 BIM 模型。所有 GSA 的项目都被鼓励采用 3D-4D-BIM 技术,并且根据采用这些技术的项目承包商的应用程序不同,给予不同程度的资金支持。目前,GSA 正在探讨在项目全生命周期中应用 BIM 技术,包括空间规划验证、4D 模拟、激光扫描、能耗和可持续发展模拟、安全验证等,并陆续发布了各领域的系列 BIM 指南,在官网提供下载,对规范和推进 BIM 在实际项目中的应用起到了重要作用。

（2）USACE

美国陆军工程兵团（the U.S. Army Corps of Engineers, USACE）隶属于美国联邦政府和美国军队,为美国军队提供项目管理和施工管理服务,是世界上最大的公共工程、设计和建筑管理机构。

2006 年 10 月,USACE 发布了为期 15 年的 BIM 发展路线（Building Information Modeling：A Road Map for Implementation to Support MILCON Transformation and Civil Works Projects within the U.S. Army Corps of Engineers）,为 USACE 采用和实施 BIM 技术制定战略规划,以提升规划、设计和施工的质量和效率。在规划中,USACE 承诺未来所有军事建筑项目都将使用 BIM 技术。

2010 年,USACE 提出所有军事项目的招标公告、发包和提交必须使用美国国家 BIM 标准。2012 年,USACE 进一步提出,在 2020 年前利用美国国家 BIM 标准数据以有效降低建设项目的造价与工期。

（3）bSa

buildingSMART 联盟（buildingSMART alliance, bSa）是美国建筑科学研究院（National Institute of Building Science, NIBS）在信息资源和技术领域的一个专业委员会,也是 buildingSMART 的北美分部。buildingSMART 的前身是国际数据互用联盟（ International Alliance for Interoperability, IAI ）,开发和维护 IFC（Industry Foundation Classes）标准以及 openBIM 标准。

bSa 致力于 BIM 的推广与研究,使项目所有参与者在项目全生命周期各阶段都能共享准确的项目信息。BIM 通过收集和共享项目信息与数据,可以有效地节约成本、减少浪费。因此,美国 bSa 的目标是在 2020 年前,帮助建设部门减少 31% 的浪费或者节约 4 亿美元。

bSa 下属的美国国家 BIM 标准项目委员会(the National Building Information Model Standard Project Committee-United States, NBIMS-US)专门负责美国国家 BIM 标准(National Building Information Model Standard, NBIMS)的研究和制定。2007 年 12 月,NBIMS-US 发布了 NBIMS 第 1 版的第 1 部分,其内容主要包括信息交换和开发过程等方面,明确了 BIM 过程和工具的各方定义、相互之间数据交换要求的明细和编码,使不同部门可以开发充分协商一致的 BIM 标准,更好地实现协同。2012 年 5 月,NBIMS-US 发布了 NBIMS 第 2 版。NBIMS 第 2 版的编写过程采用的是一个开放投稿(各专业 BIM 标准)、民主投票决定标准内容(Open Consensus Process)的方式,因此也被称为是第一份基于共识的 BIM 标准。

2)英国

英国政府要求强制使用 BIM。2011 年 5 月,英国内阁办公室发布了"政府建设战略(Government Construction Strategy)"文件,其中有一个章节是关于 BIM 的,该章节明确提出到 2016 年政府要求全面协同的 3D-BIM,并将全部文件以信息化管理。英国的设计公司在 BIM 实施方面已经相当领先,因为伦敦是众多全球领先设计企业的总部所在地,如 Foster and Partners,Zaha Hadid Architects 和 BDP,也是很多领先设计企业的欧洲总部所在地,如 HOK、SOM 和 Gensler。在这些背景下,政府发布的强制使用 BIM 的文件可以得到有效执行,因此,英国的建筑工程企业与其他地方相比,发展速度更快。

3)北欧国家

北欧国家中的挪威、丹麦、瑞典和芬兰,是一些主要的建筑业信息技术软件厂商所在地,如 Tekla 和 Solibri,而且对发源于匈牙利的 ArchiCAD 的应用率也很高。

上述北欧四国政府并未强制要求全部使用 BIM,由于当地气候的要求以及先进建筑信息技术软件的推动,BIM 技术的发展主要是企业的自觉行为。如 2007 年,Senate Properties(芬兰的一家国有企业)发布了一份建筑设计的 BIM 要求(Senate Properties' BIM Requirements for Architectural Design,2007),自 2007 年 10 月 1 日起,Senate Properties 的项目仅强制要求建筑设计部分使用 BIM 技术,其他设计部分可根据项目情况自行决定是否采用 BIM 技术,但目标是将全面使用 BIM 技术。该要求还提出,设计招标将有强制的 BIM 要求,这些 BIM 要求将成为项目合同的一部分,具有法律约束力;建议在项目协作时,建模任务需创建通用的视图,需要准确的定义;需要提交最终的 BIM 模型,且建筑结构与模型内部的碰撞需要进行存档。

4)新加坡

1995 年新加坡国家发展部启动了一个名为 CORENET(Construction and Real Estate Network)的 IT 项目。该项目的主要目的是通过对业务流程进行流程再造(BPR),以实现作业时间、生产效率和效果的提升,同时还注重采用先进的信息技术使建筑房地产业的参与方实现高效、无缝的沟通和信息交流。CORENET 系统主要包括 3 个子系统:e-Submission,e-plan Check 和 e-info。在整个系统中,居于核心地位的是 e-plan Check 子系统,这也是整个系统中最具特色之处。该子系统的作用是使用自动化程序对建筑设计的成果进行数字化检查，以发现其中违反建筑规范要求的地方。整个计划涉及 5 个政府部门中的 8 个相关机构。为了达到这一目的，系统采用了国际数据互用联盟(International Alliance for Interoperability, IAI)制定的 IFC 2×2 标准作为建筑数据定义的方法和手段。整个系统采用 C/S 架构，利用该系统，设计人员可以先通过系统的 BIM 工具对设计成果进行加工准备，然后将其提交给系统进行在线的自动审查。

为了保证 CORENET 项目(特别是 e-plan Check 系统)的顺利实施，新加坡政府采取了一系列的政策措施，并取得了较好的效果。其中主要包括：

①广泛的业界测试和试用以保证系统的运行效果；

②注重通过各种形式与业界沟通，加强人才培养；

③在系统的研发过程中加强与国际组织的合作。

新加坡政府非常重视与相关国际组织的合作，使得系统能够得到来自国际组织的全方位支持，同时也可以在更大的范围内得到认可。

5) 韩国和日本

韩国的多个政府部门都致力于制定 BIM 标准，如韩国公共采购服务中心和韩国国土海洋部等。韩国主要的建筑公司都在积极采用 BIM 技术，如现代建设、三星建设、空间综合建筑事务所、大宇建设、GS 建设、Daelim 建设等公司。其中，Daelim 建设公司应用 BIM 技术到桥梁的施工管理中，BMIS 公司利用 BIM 软件 Digital Project 对建筑设计阶段以及施工阶段进行一体化研究和实施等。

日本软件业较为发达，在建筑信息技术方面也拥有较多的国产软件。日本 BIM 相关软件厂商认识到，BIM 需要多个软件互相配合，这是数据集成的基本前提。因此，多家日本 BIM 软件商在 IAI 日本分会的支持下，以福井计算机株式会社为主导，成立了日本国国产解决方案软件联盟。

6) BIM 在中国的应用现状

(1) 我国 BIM 标准的研究与制定

我国针对 BIM 标准化进行了一些基础性的研究工作。2007 年，中国建筑标准设计研究院等单位起草了《建筑对象数字化定义》(JGT 198—2007)，其非等效采用了国际上的 IFC 标准《工业基础类 IFC 平台规范》，只是对 IFC 标准进行了一定简化。2008 年，由中国建筑科学研究院、中国标准化研究院等单位共同起草了《工业基础类平台规范》(GB/T 25507—2010)，等同采用 IFC 标准(ISO/PAS 16739:2005)。2010 年清华大学软件学院 BIM 课题组提出了中国建筑信息模型标准(China Building Information Model Standards, CBIMS)，CBIMS 标准体系结构主要包括 3 个方面的内容，即技术规范、解决方案和应用指导。2017 年 7 月，我国第一部建筑信息模型(BIM)应用的工程建设标准《建筑信息模型应用统一标准》(GB/T 51212—2016)开始实施，该标准提出了建筑信息模型应用的基本要求，是建筑信息模型应用的基础标准，可作为我国建筑信息模型应用及相关标准研究和编制的依据。该标准的实施将为国家建筑业信息化能力提升奠定基础。与此同时，多部 BIM 标准编制已接近尾声，不久将出版实施。

（2）我国 BIM 软件兼容性问题

目前，在我国市场上具有影响力的 BIM 软件共有 30 多种，这些软件主要集中在设计阶段和工程量计算阶段，施工管理和运营维护阶段的软件比较少。而较有影响力的供应商主要包括 Autodesk（美国）、Bentley（美国）、Progman（芬兰）、Graphisoft（匈牙利）以及中国的鸿业、理正、广联达、鲁班和清华斯维尔等。

BIM 软件间的信息交互性是存在的，但是在项目运营阶段 BIM 技术并未得到充分应用，使得运营阶段在建设项目的全生命周期内处于"孤立"的状态。然而，在建设项目全生命周期管理中，理应以运营为导向实现建设项目价值最大化。如何使得 BIM 技术最大限度地符合全生命周期管理理念，提升我国建设行业生产力水平，值得深入研究。另外，就某一个阶段 BIM 技术而言，其应用价值也未得到充分实现，比如设计阶段中的"绿色设计""规范检查""造价管理"3 个环节仍出现了"孤岛现象"。如何统筹管理，实现 BIM 在各阶段、各专业间的协同应用，是未来研究的关键。此外，BIM 技术并未实现建筑业信息化的横向打通。通过对目前在设计阶段与设施运营阶段应用最具影响力的两款软件（Revit，Archibus）进行交互性分析发现，两款软件之间具有一定的交互性，但是在实际 BIM 的运用中两者并未产生沟通。Randy Deutsch 指出，BIM 是 10% 的技术问题加上 90% 的社会文化问题。而目前已有研究中 90% 是技术问题，这一现象说明，BIM 技术的实现问题并非技术问题，更多的是统筹管理问题。

1.1.4　BIM 在未来的主要应用

BIM 的出现将引发整个工程建设领域的第二次数字革命。BIM 不仅带来了现有技术的进步和更新换代，也间接影响了生产组织模式和管理方式，并将更长远地影响人们思维模式的转变。BIM 技术的核心是通过在计算机中建立虚拟的建筑工程三维模型，同时利用数字化技术为这个模型提供完整的、与实际情况一致的建筑工程信息库。该信息库不仅包含描述建筑物物件的几何信息、专业属性及状态信息，还包含非构件对象（例如空间、运动行为）的信息。借助这个富含建筑工程信息的三维模型，建筑工程的信息集成化程度将大大提高，从而为建筑工程项目的相关利益方提供一个工程信息交换和共享的平台。结合更多的相关数字化技术，BIM 模型中包含的工程信息还可以被用于模拟建筑物在真实世界中的状态和变化，使得建筑物在建成之前，相关利益方就能对整个工程项目的成败作出完整的分析和评估。如果将 BIM 放在全生命周期视角下，那么 BIM 可以有下述 20 种主要的用途。

1）BIM 模型维护

根据项目建设进度建立和维护 BIM 模型，实质是使用 BIM 平台汇总各项目团队所有的建筑工程信息，消除项目中的信息"孤岛"，并将得到的信息结合三维模型进行整理和储存，以备项目全过程中各相关利益方随时共享。

由于 BIM 的用途决定了 BIM 模型细节的精度，同时仅靠一个 BIM 工具并不能完成所有的工作，所以目前业内主要采用"分布式"BIM 模型的方法，建立符合工程项目现有条件和用途的 BIM 模型。这些模型根据需要可能包括设计模型、施工模型、进度模型、成本模型、制造模型、操作模型等。"分布式"BIM 模型还体现在，BIM 模型往往由相关的设计单位、施工单位或者运营单位根据各自工作范围单独建立，最后通过统一的标准合成。这将增加对 BIM

建模标准、版本管理、数据安全的管理难度，因此有时业主也会委托独立的 BIM 服务商统一规划、维护和管理整个工程项目的 BIM 应用，以确保 BIM 模型信息的准确、时效和安全。

2) 场地分析

场地分析研究影响建筑物定位的主要因素，是确定建筑物的空间方位和外观、建立建筑物与周围景观联系的过程。在规划阶段，场地的地貌、植被、气候条件都是影响设计决策的重要因素，往往需要通过场地分析来对景观规划、环境现状、施工配套及建成后交通流量等各种影响因素进行评价及分析。传统的场地分析存在诸如定量分析不足、主观因素过重、无法处理大量数据信息等弊端，通过 BIM 结合地理信息系统（Geographic Information System, GIS）对场地及拟建的建筑物空间数据进行建模。通过 BIM 及 GIS 软件的强大功能，迅速得出令人信服的分析结果，帮助项目在规划阶段评估场地的使用条件和特点，从而作出新建项目最理想的场地规划、交通流线组织关系、建筑布局等关键决策。

3) 建筑策划

建筑策划是在总体规划目标确定后，根据定量分析得出设计依据的过程。相对于根据经验确定设计内容及依据（设计任务书）的传统方法，建筑策划利用对建设目标所处社会环境及相关因素的逻辑数理分析，研究项目任务书对设计的合理导向，制订和论证建筑设计依据，科学地确定设计内容，并寻找达到这一目标的科学方法。在这一过程中，除了需要运用建筑学的原理，借鉴过去的经验和遵守规范外，更重要的是要以实态调查为基础，用计算机等现代化手段对目标进行研究。

在建筑规划阶段，BIM 能够通过对空间进行分析来帮助项目团队理解复杂空间的标准和法规，从而节省时间，提供使团队获得更多增值活动的可能。特别是在客户讨论需求、选择以及分析最佳方案时，能借助 BIM 及相关分析数据，作出关键性决定。BIM 在建筑策划阶段的应用成果，还会帮助建筑师在建筑设计阶段随时查看初步设计是否符合业主的要求、是否满足建筑策划阶段得到的设计依据，通过 BIM 连贯的信息传递或追溯，从而大大减少详图设计阶段发现不合格而需要修改设计的巨大浪费。

4) 方案论证

在方案论证阶段，项目投资方可以使用 BIM 来评估设计方案的布局、视野、照明、安全、人体工程学、声学、纹理、色彩及规范的遵守情况。BIM 甚至可以做到建筑局部的细节推敲，迅速分析设计和施工中可能需要应对的问题。在方案论证阶段，还可以借助 BIM 提供方便的、低成本的不同解决方案供项目投资方进行选择，通过数据对比和模拟分析，找出不同解决方案的优缺点，帮助项目投资方迅速评估建筑投资方案的成本和时间。

对设计师来说，通过 BIM 来评估所设计的空间，可以获得较高的互动效应，以便从使用者和业主处获得积极的反馈。设计的实时修改往往基于最终用户的反馈，在 BIM 平台下，项目各方关注的焦点问题比较容易得到直观的展现并迅速达成共识，从而大大减少决策的时间。

5) 可视化设计

3Dmax, Sketchup 等三维可视化设计软件有效地弥补了业主及最终用户因缺乏对传统建筑图纸的理解能力而造成的和设计师之间的交流鸿沟，但由于这些软件在设计理念和功能上的局限,使得这样的三维可视化展现不论用于前期方案推敲还是用于阶段性的效果图展示,与真正的设计方案都存在相当大的差距。

对于设计师而言,大量的设计工作还是要基于传统的 CAD 平台,使用平、立、剖等三视图的方式表达和展现自己的设计成果。这种由于工具原因造成的信息割裂,在遇到项目复杂、工期紧张的情况下,非常容易出错。BIM 的出现使得设计师不仅拥有了三维可视化的设计工具,更重要的是通过工具的提升,使设计师能使用三维的方式来完成建筑设计,同时也使业主及最终用户真正摆脱技术壁垒的限制,随时知道自己的投资能获得什么。

6)协同设计

协同设计是在建筑业环境发生深刻变化、建筑的传统设计方式必须得到改变的背景下出现的,也是数字化建筑设计技术与快速发展的网络技术相结合的产物,它可以使分布在不同地理位置的不同专业的设计人员通过网络的协同展开设计工作。现有的协同设计主要是基于 CAD 平台,并不能充分实现专业间的信息交流,这是因为 CAD 的通用文件格式仅仅是对图形的描述,无法加载附加信息,从而导致专业间的数据不具有关联性。

BIM 的出现使协同已经不再是简单的文件参照。BIM 技术为协同设计提供底层支撑,可大幅提升协同设计的技术含量。借助 BIM 的技术优势,协同的范畴也从单纯的设计阶段扩展到建筑全生命周期,需要规划、设计、施工、运营等各方的集体参与,因此具备了更广泛的意义,从而带来了综合效益的大幅提升。

7)性能化分析

利用计算机进行建筑物理性能化分析始于 20 世纪 60 年代甚至更早,早已形成成熟的理论支持,并开发出了丰富的工具软件。但是在 CAD 时代,无论什么样的分析软件都必须通过手工方式输入相关数据才能开展分析计算,而操作和使用这些软件需要对专业技术人员经过培训才能完成,同时由于设计方案的调整,造成原本就耗时耗力的数据录入工作需要经常性地重复录入或者校核,导致包括建筑能耗分析在内的建筑物理性能化分析通常被安排在设计的最终阶段,成为一种象征性的工作,造成了建筑设计与性能化分析计算之间严重脱节。

利用 BIM 技术,建筑师在设计过程中创建的虚拟建筑模型已经包含大量的设计信息(几何信息、材料性能、构件属性等),只要将模型导入相关的性能化分析软件,就可以得到相应的分析结果,原本需要花费大量时间输入大量专业数据的过程,如今可以自动完成,大大降低了性能化分析的周期,提高了设计质量,同时也使设计公司能够为业主提供更专业的技能和服务。

8)工程量统计

由于 CAD 无法存储可以让计算机自动计算工程项目构件的必要信息,所以需要依靠人工根据图纸或者 CAD 文件进行测量和统计,或者使用专门的造价计算软件根据图纸或者 CAD 文件重新进行建模后由计算机自动进行统计。前者不仅需要消耗大量的人工,而且比较容易出现手工计算带来的差错;而后者同样需要不断地根据调整后的设计方案及时更新模型,如果滞后,得到的工程量统计数据就会失效。

BIM 是一个富含工程信息的数据库,可以真实地提供造价管理需要的工程量信息。借助这些信息,计算机可以快速对各种构件进行统计分析,大大减少烦琐的人工操作和潜在错误,非常容易实现工程量信息与设计方案的完全一致。通过 BIM 获得准确的工程量统计,可以用于前期设计过程中的成本估算、在业主预算范围内不同设计方案的探索或者不同设计方案建造成本的比较,以及施工开始前的工程量预算和施工完成后的工程量决算。

9) 管线综合

随着建筑物规模和使用功能、复杂程度的增加,无论是设计企业还是施工企业,甚至是业主,对机电管线综合的要求日益强烈。在 CAD 时代,设计企业主要由建筑或者机电专业牵头,将所有图纸打印成硫酸图,然后各专业将图纸叠在一起进行管线综合。由于二维图纸信息以及直观交流平台的缺失,导致管线综合成为建筑施工前让业主最不放心的技术环节。利用 BIM 技术,通过搭建各专业的 BIM 模型,设计师能够在虚拟的三维环境下方便地发现设计中的碰撞冲突,从而大大提高管线综合的设计能力和工作效率。这不仅能及时排除项目施工阶段可能遇到的碰撞冲突,还能显著减少由此产生的变更,更大大提高了施工现场的生产效率,降低了由于施工协调造成的成本增加和工期延误。

10) 施工进度模拟

建筑施工是一个高度动态的过程,随着建筑工程的规模不断扩大、复杂程度不断提高,使得施工项目管理变得极为复杂。当前建筑工程项目管理中经常用于表示进度计划的甘特图,由于专业性强、可视化程度低,无法清晰描述施工进度以及各种复杂关系,故难以准确表达工程施工的动态变化过程。

通过将 BIM 与施工进度计划相对应,将空间信息与时间信息整合在一个可视的 4D(3D+Time)模型中,可以直观、精确地反映整个建筑的施工过程。4D 施工模拟技术可以在项目建造过程中合理制订施工计划、精确掌握施工进度、优化使用施工资源以及科学地进行场地布置,对整个工程的施工进度、资源和质量进行统一管理和控制,以缩短工期、降低成本、提高质量。此外,借助 4D 模型,施工企业在工程项目投标中将获得竞标优势,BIM 可以协助评标专家从 4D 模型中很快了解投标人对投标项目主要施工的控制方法、施工安排是否均衡、总体计划是否合理等,从而对投标人的施工经验和实力作出更准确的评估。

11) 施工组织模拟

施工组织是对施工活动实行科学管理的重要手段,它决定了各阶段的施工准备工作内容,协调了施工过程中各施工单位、各施工工种、各项资源之间的相互关系。施工组织设计是用来指导施工项目全过程各项活动的技术、经济和组织的综合性解决方案,是施工技术与施工项目管理有机结合的产物。

通过 BIM 可以对项目的重点或难点部分进行可建性模拟,按月、日、时进行施工安装方案的分析优化。对于一些重要的施工环节或采用新施工工艺的关键部位、施工现场平面布置等施工指导措施进行模拟和分析,以提高计划的可行性;也可以利用 BIM 技术结合施工组织计划进行预演,以提高复杂建筑体系的可造性(例如施工模板、玻璃装配、锚固等)。

借助 BIM 对施工组织的模拟,项目管理方能够非常直观地了解整个施工安装环节的时间节点和安装工序,并清晰地把握安装过程中的难点和要点;施工方也可以进一步对原有安装方案进行优化和改善,以提高施工效率和施工方案的安全性。

12) 数字化建造

制造行业目前的生产效率极高,其中部分原因是利用数字化数据模型实现了制造方法的自动化。同样,BIM结合数字化制造也能够提高建筑行业的生产效率。通过BIM与数字化建造系统的结合,建筑行业也可以采用类似的方法来实现建筑施工流程的自动化。建筑中的许多构件(例如门窗、预制混凝土结构和钢结构等)可以异地加工,然后运到建筑施工现场,并装配到建筑中。通过数字化建造,可以自动完成建筑物构件的预制,这些通过工厂精密机械技术制造出的构件不仅降低了建造误差,而且大幅度提高了构件制造的生产率,从而缩短了建筑的建造工期并且使其容易掌控。

BIM模型直接用于制造环节,还可以在制造商与设计人员之间形成一种自然的反馈循环,即在建筑设计流程中提前考虑尽可能多地实现数字化建造。同样,与参与竞标的制造商共享构件模型也有助于缩短招标周期,便于制造商根据设计要求的构件用量编制更为统一的投标文件。同时,标准化构件之间的协调也有助于减少现场问题的发生,以降低不断上升的建造、安装成本。

13) 物料跟踪

随着建筑行业标准化、工厂化、数字化水平的提升,以及建筑使用设备复杂性的提高,越来越多的建筑及设备构件通过工厂加工并运送到施工现场进行高效的组装。而这些建筑构件及设备是否能够及时运到现场、是否满足设计要求、质量是否合格,将成为影响整个建筑施工建造过程中施工计划关键路径的重要环节。

在BIM出现以前,建筑行业往往借助较为成熟的物流行业的管理经验及技术方案来实现对物料的跟踪管理,例如RFID无线射频识别电子标签。通过RFID,可以把建筑物内各个设备构件贴上标签,但RFID本身无法进一步获取物料更详细的信息(如生产日期、生产厂家、构件尺寸等),而BIM模型恰好详细记录了建筑物及构件和设备的所有信息。此外,BIM模型作为一个建筑物的多维度数据库,并不擅长记录各种构件的状态信息,而基于RFID技术的物流管理信息系统,对物料的过程信息都有非常好的数据库记录和管理功能,这样BIM与RFID正好互补,从而可以有效降低建筑行业对日益增长的物料跟踪带来的管理压力。

14) 施工现场配合

BIM不仅集成了建筑物的完整信息,同时还提供了一个三维的交流环境。BIM逐渐成为一个适合于施工现场各方交流的沟通平台,可以让项目各方人员方便地协调项目方案,论证项目的可建造性,及时排除风险隐患,减少由此产生的变更,从而缩短施工时间,降低由于设计协调造成的成本增加,提高施工现场的生产效率。

15) 竣工模型交付

建筑作为一个系统,在完成建造准备投入使用时,需要对其进行必要的测试和调整,以确保它可以按照当初的设计来运营。在项目完成后的移交环节,物业管理部门需要得到的不仅是常规的设计图纸、竣工图纸,还需要有能正确反映真实的设备状态、材料安装使用情况等与运营维护相关的文档和资料。

BIM能将建筑物的空间信息和设备参数信息有机地整合起来,从而为业主获取完整的建筑物全局信息提供途径。通过BIM与施工过程记录信息的关联,甚至能够实现包括隐蔽工程资料在内的竣工信息集成,不仅为后续的物业管理带来便利,而且可以在未来的翻新、改造、扩建过程中为业主及项目团队提供有效的历史信息。

16)维护计划

在建筑物使用寿命期间,建筑物结构设施(如墙、楼板、屋顶等)和设备设施(如设备管道等)都需要得到不断的维护。一个成功的维护方案不仅可以提高建筑物的性能,还可以降低能耗和修理费用,进而降低总体维护成本。

BIM 模型结合运营维护管理系统,可以充分发挥空间定位和数据记录的优势,合理制订维护计划,分配专人专项维护工作,以降低建筑物在使用过程中出现突发状况的概率。对一些重要设备,还可以跟踪维护工作的历史记录,以便对设备的适用状态提前作出判断。

17)资产管理

一套有序的资产管理系统将有效提升建筑资产或设施的管理水平,但由于建筑施工和运营的信息割裂,使得这些资产信息需要在运营初期依赖大量的人工操作来录入,而且很容易出现数据录入错误。BIM 中包含的大量建筑信息能够顺利导入资产管理系统,大大减少系统初始化在数据准备方面的时间及人力投入。此外,传统的资产管理系统无法准确定位资产位置,通过 BIM 结合 RFID 的资产标签芯片,可以实现资产在建筑物中的定位及相关参数信息的快速查询,使参数信息一目了然。

18)空间管理

空间管理是业主为节省空间成本、有效利用空间、为最终用户提供良好工作生活环境而对建筑空间所做的管理。BIM 不仅可以有效管理建筑设施及资产等资源,也可以帮助管理团队记录空间的使用情况,处理最终用户要求空间变更的请求,分析现有空间的使用情况,合理分配建筑物空间,确保空间资源的利用率最大化。

19)建筑系统分析

建筑系统分析是对照业主使用需求及设计规定来衡量建筑物性能的过程,包括机械系统如何操作和建筑物能耗分析、内外部气流模拟、照明分析、人流分析等涉及建筑物性能的评估。BIM 结合专业的建筑物系统分析软件,避免了重复建立模型和采集系统参数。通过 BIM 可以验证建筑物是否按照特定的设计规定和可持续标准来建造,通过这些分析模拟,最终确定、修改系统参数甚至系统改造计划,以提高整个建筑物的性能。

20)灾害应急模拟

用 BIM 及相应灾害分析模拟软件,可以在灾害发生前,模拟灾害发生的过程,分析灾害发生的原因,制订避免灾害发生的措施,以及发生灾害后人员疏散、救援支持的应急预案。

当灾害发生后,BIM 可以提供救援人员紧急状况点的完整信息,这将有效提高突发状况的应对措施水平。此外,楼宇自动化系统能及时获取建筑物及设备的状态信息,通过 BIM 和楼宇自动化系统的结合,使得 BIM 能清晰地呈现出建筑物内部紧急状况的位置,甚至到紧急状况点最合适的路线,救援人员可以由此做出正确的现场处置,提高应急行动的成效。

1.2 BIM 时代造价业务的新特点

1.2.1 BIM 给造价行业带来的优势

1）提高工程量的准确性

从理论上讲,从工程图纸上得出的工程量是一个唯一确定的数值,然而不同的造价人员由于各自的专业知识水平所限,造成他们对图纸的理解不同,最后会得到不同的数据。利用 BIM 技术计算工程量的方式是运用三维图形算量软件中的建模法和数据导入法。建模法是在计算机中绘制基础、墙、柱、梁、板、楼梯等构件模型图,然后软件根据设置的清单和定额工程量计算规则,并充分利用几何数学的原理自动计算工程量。计算时以楼层为单位元,在计算机界面上输入相关构件数据,建立整栋楼层基础、墙、柱、梁、板、楼梯的建筑模型,根据建好的模型进行工程量计算。数据导入法是将工程图纸的 CAD 电子文档直接导入三维图形算量软件,软件会智能识别工程设计图中的各种建筑结构构件,快速虚拟出仿真建筑,结合对构件属性的定义,以及对构件进行转化就能准确计算出工程量。这两种基于 BIM 技术计算工程量的方法,不仅可以减少造价人员对经验的依赖,同时利用 BIM 模型可使工程量的计算更加准确真实。BIM 的 5D 模型可以为整个项目的各个时期的造价管理提供精确的依据,再通过模型获得施工各个时期甚至任意时间段的工程量,大大降低了造价人员的计算量,极大地提高了工程量的准确性。

2）提升工程结算效率

工程结算中一个比较麻烦的问题就是核对工程量。尤其对单价合同而言,在单价确定的情况下,工程量对合同价的影响甚大,因此核对工程量就显得尤为重要。钢筋、模板、混凝土、脚手架等在工程中大量采用的材料,都是造价工程师核对工作中的要点,需要耗费大量的时间和精力。BIM 技术引入后,承包商利用 BIM 模型对该施工阶段的工程量进行一定的修改及深化,并将其包含在竣工资料里提交给业主,经过设计单位的审核之后,作为竣工图的一个最主要组成部分转交给咨询公司进行竣工结算,施工单位和咨询公司基于这个 BIM 模型导出的工程量必然是一致的。这就意味着,承包商在提交竣工模型的同时就相当于提交了工程量,设计单位在审核模型的同时就已经审核了工程量。也就是说,只要是项目的参与人员,无论是咨询单位、设计单位,还是施工单位,或者是业主,所有获得这个 BIM 模型的人,得到的工程量都是一样的,从而大大提高了工程结算的效率。

3）提高核心竞争力

造价人员是否将被 BIM 技术所取代呢? 其实不然,只要造价人员积极了解 BIM 技术给造价行业带来的变革,积极提升自身的能力,就不会被取代。

当然,如果造价人员的核心竞争力在于对数字、算长度等简单重复的工作,那么软件的高度自动化计算一定会取代造价人员。但如果造价人员掌握一些软件很难取代的知识,比如精通清单定额、项目管理,相反 BIM 软件还将成为提高造价人员专业能力的好帮手。因此,BIM 的引入和普及发展,不过是淘汰专业技术能力差的从业人员,算量是基础,软件只是减少工作强度,这样会让造价人员的工作不再仅仅局限于算量这一小部分,而是上升到对整个项目的全面接触,比如全过程造价管理、项目管理,精通合同、施工技术、法律法规等,掌握这些能显著提高造价人员核心竞争力的专业能力,将会为造价人员带来更好的职业发展前景。

1.2.2　BIM 在全过程造价管理中的应用

1)BIM 在投资决策阶段的应用

投资决策阶段是建设项目最关键的一个阶段,它对项目工程造价的影响高达 80%～90%。利用 BIM 技术,可以通过相关的造价信息以及 BIM 数据模型来比较精确地预估不可预见费用,减少风险,从而更加准确地确定投资估算。在进行多方案比选时,还可以通过 BIM 进行方案的造价对比,选择更合理的方案。

2)BIM 在设计阶段的应用

设计阶段对整个项目工程造价管理有十分重要的影响。通过信息交流平台,各参与方可以在早期介入建设工程中。在设计阶段使用的主要措施是限额设计,通过它可以对工程变更进行合理控制,确保总投资不增加。完成建设工程设计图纸后,将图纸内的构成要素通过 BIM 数据库与相应的造价信息相关联,实现限额设计的目标。

在设计交底和图纸审查时,通过 BIM 技术,可以将与图纸相关的各个内容汇总到 BIM 平台进行审核。利用 BIM 的可视化模拟功能,进行模拟、碰撞检查,减少设计失误,降低因设计错误或设计冲突导致的返工费用,实现设计方案在经济和技术上的最优。

3)BIM 在招投标阶段的应用

BIM 技术的推广与应用,极大地促进了招投标管理的精细化程度和管理水平。招标单位通过 BIM 模型可以准确计算出招标所需的工程量,编制招标文件,最大限度地减少施工阶段因工程量问题产生的纠纷。投标单位的经济标是基于较为准确的模型工程量清单基础上制订的,同时可以利用 BIM 模型进一步完善施工组织设计,进行重大施工方案预演,做出较为优质的技术标,从而综合有效地制订本单位的投标策略,提高中标率。

4)BIM 在施工阶段的应用

在进度款支付时,往往会因为数据难统一而花费大量的时间精力,利用 BIM 技术中的 5D 模型可以直观地反映不同建设时间点的工程量完成情况,并及时进行调整。BIM 还可以将招投标文件、工程量清单、进度审核预算等进行汇总,便于成本测算和工程款的支付。另外,利用 BIM 技术的虚拟碰撞检查,可以在施工前发现并解决碰撞问题,有效地减少变更次数,控制工程成本、加快工程进度。

5)BIM 在竣工验收阶段的应用

传统模式下的竣工验收阶段,造价人员需要核对工程量,重新整理资料,计算细化到柱、梁,并且由于造价人员的经验水平和计算逻辑不尽相同,从而在对量过程中经常产生争议。BIM 模型可以将前几个阶段的量价信息进行汇总,真实完整地记录此过程中发生的各项数据,提高工程结算效率并更好地控制建造成本。

1.3 BIM 时代对造价人员业务素质的要求

工程造价是一项政策性、技术性、经济性和实践性都很强的工作。要做好这项工作,必须有一支业务精、素质高的工程造价队伍,尤其是在市场经济体制逐步完善、投资日趋多元化的今天,迫切需要一大批为项目投资提供科学决策依据的复合型、综合型的造价专业技术人员。这就对工程造价人员提出了更高的要求。

1)具有良好的职业道德

造价人员必须具有谦和、诚实、公平、公正的素养,有较强的组织协调和适应能力,敢于抵制出现的各种行业不正之风,坚持实事求是的工作原则,自觉维护行业形象,把工程造价工作视为人生职业规划的核心部分,并终身为之学习和奋斗。在实际工作中,要把本职工作与全社会、全行业联系起来,坚持原则,严格按照国家的法律、法规办事,按照政策变化,结合工程实际,积累资料,客观公正、实事求是地处理好有关各方关于工程造价方面的争议,坚决不能利用自己熟练的业务技术弄虚作假。

2)熟悉与造价有关的法律法规

造价工作是一项依据法律行事的工作,这就要求工程造价人员必须熟悉与其工作相关的各种法律、法规,如《中华人民共和国建筑法》《中华人民共和国合同法》《中华人民共和国城乡规划法》《中华人民共和国城市房地产管理法》《中华人民共和国保险法》《中华人民共和国价格法》《中华人民共和国招标投标法》《建设工程施工合同(示范文本)》等,只有熟悉和掌握这些法律、法规,并正确运用才能提高造价水平。

3)精通专业技术知识

工程造价是技术与经济相结合的工作,这就要求造价人员在技术方面,既要熟悉设计,又要掌握设计方案技术经济比较;既要熟悉施工组织,又要能掌握施工工艺过程;既要熟悉各种图纸,又要能在图纸会审中发现问题;既要熟悉施工验收规范、工艺标准,又要能掌握质量检验评定标准。在经济管理方面,既要熟悉建设项目决策阶段工程造价的确定和控制,又要掌握投资估算的编审方法;既要熟悉建设项目设计阶段工程造价的确定和控制,又要掌握初步设计概算的编制、审查和施工图设计阶段施工图预算的编制、审查方法;既要熟悉建设项目发包阶段工程造价的确定和控制,又要掌握发包工程标底的编审方法和投标报价的编审方法;既要熟悉建设项目施工阶段工程造价的确定与控制,又要掌握合同价的定价方法、工程造价的调整方法、工程索赔方法和工程价款的结算方法。因此,技术精湛、业务精通是工程造价人员应具备的重要素质。

4)构建多方位、多层次的知识结构体系

工程造价是专业性、知识性、综合性非常强的一项工作,工程造价人员除具备工程造价本身的业务技术水平外,还必须掌握一些与工程造价相关的经济、金融、法律等综合知识,不仅要懂技术,又要懂经济、懂法律。在工程造价方面,要熟悉和掌握投资估算、概算、预结算;在计价依据定额方面,要熟悉和掌握全国统一定额、行业定额、地方定额和企业定额的编制与应用及各种取费标准;在建筑产品价格组成方面,要熟悉人工费单价组成、机械台班基价组成和材料预算价格组成;在工程结算方面,要了解分部分项工程内容,掌握工程量计算规则,正确套用定额。因此,工程造价人员应具有多方位、多层次的知识结构面。

5)具有丰富的实践经验

在工程造价管理工作中,丰富的实践经验占有极其重要的地位。造价人员的工作实践时间越长,亲身投入现场机会越多,实践经验就越丰富。通过实践经验加以总结,才能不断提高业务技术水平。特别是现在,科技发展日新月异,新材料、新工艺、新技术、新知识结构如雨后春笋,要了解和掌握这些新型材料的人工费、材料费、机械费消耗以及新的知识结构等,必须深入实践,从具体施工过程中了解、收集资料,这对增强预算编制能力和调整能力,以及提高编制补充定额的能力都是非常必要的。

6)科学运用新技术

造价人员要熟练掌握各类工程造价软件的使用,如工程预(决)算软件、定额管理软件、工程量计算软件、钢筋抽样软件等,以提高工作效率和准确度;同时,要经常浏览工程造价信息网,及时、广泛地收集材料价格,确保工程造价更加合理。随着 BIM 技术的深入应用,更多项目"落地",将深刻影响造价从业人员的工作性质和工作内容,因此工程造价人员应更好更快地掌握 BIM 技术。

1.4 BIM 技术对建设工程造价管理的影响

1.4.1 BIM 对建设工程全过程造价管理模式带来的改变

1)建设工程项目采购模式的选择变化

建设工程全过程造价管理作为建设工程项目管理的一部分,其能否顺利开展和实施与建设工程项目采购模式(承发包模式)是密切相关的。

目前,在我国建设工程领域应用最为广泛的采购模式是 DBB 模式,即设计—招标—施工模式。在 DBB 模式下开展 BIM,可为设计单位提供更好的设计软件和工具,增强设计效果,但是由于缺乏各阶段、各参与方之间的共同协作,BIM 作为信息共享平台的作用和价值将难以实现,BIM 在全过程造价管理中的应用价值将被大大削弱。

相对于 DBB 模式,在我国目前的建设工程市场环境下,DB 模式(设计—施工模式)更加有利于 BIM 的实施。在 DB 模式下,总承包商从项目开始到项目结束都承担着总的管理及协调工作,有利于 BIM 在全过程造价管理中的实施,但是该模式下也存在着业主过于依赖总承包商的风险。

2)工作方式的变化

传统的建设工程全过程造价管理是从建设工程项目投资决策开始,到竣工验收直至试运行投产为止,对所有的建设阶段进行全方位、全面的造价控制和管理,其工作方式为业主主导,具体由一家造价咨询单位承担全过程的造价管理工作。这种工作方式能够有效避免多头管理,利于明确职责与风险,使全过程造价管理工作系统地开展与实施。在这种工作方式下,承担全过程造价管理的工作职责主要由这家造价咨询单位负责,工作结果向业主负责。

在基于 BIM 的全过程造价管理体系下,全过程造价管理工作不再仅仅是造价咨询单位的职责,甚至不是由其承担主要职责。项目各参与方在早期便介入项目中,共同进行全过程造价管理,工作方式不再是传统的由造价咨询单位与各个参与方之间的"点对点"的形式,而是各个参与方之间的造价信息都聚集在 BIM 信息共享平台上,组成信息"面"。因此,工作方式变成造价咨询单位、各个项目参与方与 BIM 平台之间的"点对面"形式,信息的交流从"点"升级为"面",信息传递更为及时、准确,造价管理的工作效率也更为高效。

3)组织架构的变化

传统的建设工程全过程造价管理的工作组织架构较为简单,负责全过程造价管理的造价咨询单位是组织架构中的主导,各参与方之间的造价管理人员配合造价咨询单位完成全过程造价管理工作。

在基于 BIM 的建设工程全过程造价管理体系下,各参与方最理想的组织架构应该是类似于集成项目支付(Integrated Project Delivery,IPD)模式下的组织架构,即由各参与方抽调具备基于 BIM 的造价管理人员,组建基于 BIM 的造价管理工作小组(该工作小组不再以造价咨询单位为主导,甚至可以不再需要造价咨询单位的参与)。这个基于 BIM 的造价管理工作小组以业主为主导,从建设工程项目投资决策阶段开始,到项目竣工验收直至试运行投产为止,贯穿建设工程的所有阶段,涉及所有项目参与方,承担建设工程全过程的造价管理工作。这种组织架构有利于 BIM 信息流的集成与共享,有利于各阶段之间、各参与方之间造价管理工作的协调与合作,有利于建设工程全过程造价管理工作的开展与实施。

国外大量成功的实践案例证明,只有寻找到适合 BIM 特点的项目采购模式、工作方式、组织架构,才能更好地发挥 BIM 的应用价值,才能更好地促进基于 BIM 的建设工程全过程造价管理体系的实施。

1.4.2 将 BIM 应用于建设工程全过程造价管理的障碍

1)具备基于 BIM 的造价管理能力的专业人才缺乏

基于 BIM 的建设工程全过程造价管理,要求造价管理人员在早期便参与到建设工程项目中来,参与决策、设计、招投标、施工、竣工验收等全过程,从技术、经济的角度出发,在精通造价管理知识的基础上,熟知 BIM 应用技术,制订基于 BIM 的造价管理措施及方法,能够通过 BIM 进行各项造价管理工作的实施,与各参与方之间进行信息共享、组织协调等工作,这对造价管理人员的素质要求更为严格。显然,在我国目前的建筑业环境中,既懂 BIM,又精通造价管理的人才十分缺失,这些都不利于我国 BIM 技术的应用及推广。

2)基于 BIM 的建设工程全过程造价管理应用模式障碍

BIM 意味着一种全新的行业模式,而传统的工程承发包模式并不足以支持 BIM 的实施,因此需要一种新的适应 BIM 特征的建设工程项目采购模式。目前应用最为广泛的 BIM 应用模式是 IPD 模式,即把建设单位、设计单位、施工单位及材料设备供应商等集合在一起,各方基于 BIM 进行有效合作,优化建设工程的各个阶段,减少浪费,实现建设工程效益最大化,进而促进基于 BIM 的全过程造价管理的顺利实施。IPD 模式在建设工程中收到了很好的效果,然而即使在国外,也是通过长期的摸索,最终形成了相应的制度及合约模板,才使得 IPD 的推广应用成为可能。将 BIM 引入我国建筑业中,IPD 是一个很好的可供借鉴的应用模式,然而由于我国当前的建筑工程市场仍不成熟、相应的制度仍不完善、与国外的应用环境差别较大,所以 IPD 模式在我国的应用及推广也会面临很多问题。

1.4.3　BIM 在建设工程全过程造价管理的应用对策

1)加强基于 BIM 的造价管理能力的专业人才培养

在 BIM 的作用及发展越来越显著的今天,建设工程项目各参与方都应重视 BIM 技术的开发和使用,加强对 BIM 软件及技术方面的培训,重视基于 BIM 的造价管理能力的专业人才的培养。基于 BIM 的建设工程全过程造价管理,需要组建由各参与方共同参与的 BIM 造价管理工作小组,因此各参与方都要有精通 BIM 技术兼造价管理知识的专业人才,只有这样才能实现各方之间基于 BIM 的信息交流平台,制订基于 BIM 的造价管理手段及措施,实现基于 BIM 的建设工程全过程造价管理。高校应该在基于 BIM 的造价人才培养方面发挥重要作用。

2)完善基于 BIM 的建设工程全过程造价管理体系的工作方式与组织架构研究

将 BIM 引入建设工程全过程造价管理中,必然会对全过程造价管理的工作方式、组织架构等产生一系列适应性的变化,工作方式将由"点对点"转变为"点对面",组织架构将由传统的造价咨询单位为主导、各参与方协助参与的组织转变为由业主为主导、各参与方全部参与的基于 BIM 的造价管理工作小组。然而,由于我国国情的特殊性以及建设工程市场环境的变化,相应的工作方式和组织架构也并非一成不变,不能笼统地将这种工作方式和组织架构形式套用在每个建设企业中或者每个工程项目上。只有学者和建设工程业界人士一起努力,共同致力于相应的研究并在实践中进行完善,构建出适合基于 BIM 的建设工程全过程造价管理体系的工作方式和组织架构,才能使基于 BIM 的建设工程全过程造价管理得以顺利实施。

2 基于 BIM 的工程概算

案例背景

广联达科技股份有限公司投资建设的"广联达办公大厦"项目,包括建筑与装饰工程、给排水工程和电气工程。现公司委托具有相应资质的北京某建筑设计单位进行工程设计,并委托具有相应资质的工程咨询公司编制该项目的投资概算文件。假如你是该工程咨询公司负责本项目的造价工程师,请你完成本次工程概算的编制任务。

目前给出及确定的内容如下(其余内容请参考建设单位和设计单位的交底资料,以及初步设计图纸和国家有关设计规范):

1. "广联达办公大厦"项目位于北京市郊,其性质为二类多层办公建筑,总建筑面积为4 745.6 m^2,建筑层数为地下 1 层、地上 4 层,檐口距地高度为 15.6 m。建筑物设计标高±0.000相当于绝对标高 41.500 m。

2. 工程咨询公司接到该工程概算的编制任务时,为 2016 年 12 月。根据调查,北京市最新一期的人材机信息价于 2016 年 11 月发布,根据本工程需要,决定概算执行 2016 年 11 月北京市建设主管部门发布的相应专业的信息价。

此外,由于该季度高级装饰(块料面层等)人工单价与市场价格区别较大,考虑概算编制的需要,经过研究,建筑与装饰工程中的高级装饰(块料面层等)人工单价按照 149 元/工日执行,其他普通建筑与装饰工程人工单价按照 103 元/工日执行。

各种钢筋价格均按照 3.9 元/kg 计算;轻集料空心砌块按照 202.6 元/m^3 计算;SBS 改性沥青油毡防水卷材(热熔)按照 29.06 元/m^2 计算;ZL 聚苯颗粒保温材料按照 551.3 元/m^3 计算;实木装饰门按照 1 590 元/m^2 计算;断桥铝合金推拉窗按照 641 元/m^2 计算。

定额中未计入材料基价的混凝土,按照 427.2 元/m^3 计算;未计入材料基价的砌体按照202.6 元/m^3 计算。软件未自行调整的各种商品类的混凝土价格(按普通混凝土考虑)和抹灰砂浆,需要手动选择当期相应品种指导价格(抹灰砂浆均按"普通干混砂浆,抹灰砂浆DP7.5"考虑,砂浆按照 1.7 t/m^3 进行调整);其余材料价格(包括给排水工程和电气工程)由GCCP5.0 软件按照 2016 年 11 月信息价进行自动调价,不再另行调整。

本案例中机械台班预算单价,除挖土机和履带式单斗挖土机按照 1 880 元/台班计算外,其余均按相应机械的定额基价执行,不再另行调整。

3. 根据该类型建筑物在北京市地区施工的常规施工方案,结合工程所在地的具体情况,在编制概算过程中,本工程需要计取的组织措施费除安全文明施工费外,建筑与装饰工程还需要计取二次搬运费(费用约为 1.25 万元人民币);根据工程的实际情况,建筑与装饰工程的技术措施费计算脚手架和垂直运输费两项费用。

4. 为了后期的使用,广联达科技股份有限公司需要向国内 A 厂家采购全自动消毒洗碗机一台,型号 HXD-1,产品售价为 2.5 万元人民币一台,厂家负责安装,但是需要去厂家仓库提货;该项目还需要向国内 B 公司采购 AR 系统一套,全套系统售价 35 万元人民币,由厂家负责送货并安装、调试。

5. 该项目需要从某国进口一套建筑物温控节能中央控制系统,型号 GTCS170,离岸价(FOB 价)为 4 万美元,假设国际运费率为 10%、海上运输保险费率为 0.3%、银行财务费率为 0.5%、外贸手续费率为 1.5%、关税税率为 22%、增值税的税率为 17%、银行外汇牌价为 1 美元=6.61 元人民币、国内设备运杂费费率为 3%。

6.本工程不考虑工器具及生产家具购置费。

7.经过造价人员计算,本项目需要价差预备费 5 万元,建设期利息需要支出 12.5 万元,不计取铺底流动资金。

8.工程建设其他费用取费说明:假设本项目不考虑支出建设用地费和与生产经营相关的其他费用;工程前期费用考虑支出可行性研究费、勘察费、设计费,其中可行性研究费按照 30 万元计算;与建设项目有关的费用考虑支出建设单位管理费、招标代理服务费、工程监理费、保险费和全过程造价咨询服务费。

教学目标

1.了解工程初步设计阶段编制工程概算总投资的基本流程;

2.熟悉设计概算编制与审查的主要内容;

3.掌握 GCCP5.0 软件在工程概算编制中的具体应用。

教学重难点

1.教学重点:设计概算的编制方法和审查方法。

2.教学难点:GCCP5.0 软件在工程概算编制中的具体应用。

2.1 概算基础理论知识

2.1.1 设计概算的概念及作用

1)设计概算的概念

设计概算是以初步设计文件为依据,按照规定的程序、方法和依据,对建设项目总投资及其构成进行的概略计算。设计概算的成果文件称为设计概算书,简称设计概算。设计概算书是设计文件的重要组成部分,在报批设计文件时,必须同时报批设计概算。采用两阶段设计的建设项目,初步设计阶段必须编制设计概算;采用三阶段设计的建设项目,扩大初步设计阶段必须编制修正概算。

经审核批准后的设计概算是施工图设计控制投资的限额依据。施工图是设计单位的最终产品,也是工程现场施工的主要依据。由于我国的工程建设投资限额采用概算审批制,经批准的工程概算投资额是建设工程项目的最高投资限额,所以设计单位要掌握施工图设计的造价变化情况,要求其严格控制在批准的设计概算内,并有所节余。

设计概算额度的控制、审批、调整应遵循国家、各省市地方政府或行业有关规定。如果设计概算值超过项目决策时所确定的投资估算额允许的幅度,以至于因概算投资额度变化影响项目的经济效益,使经济效益达不到预定收益目标值时,必须修改设计或重新立项审批。

2)设计概算的作用

①设计概算是编制固定资产投资计划,确定和控制建设项目投资的依据。《国家发展改革委关于印发〈中央预算内直接投资项目概算管理暂行办法〉的通知》(发改投资〔2015〕482号)规定,编制年度固定资产投资计划,确定计划投资总额及其构成数额,要以批准的初步设计概算为依据,没有批准的初步设计及其概算,建设工程就不能列入年度固定资产投资计划。

②设计概算是控制施工图设计和施工图预算的依据。设计单位必须按照批准的初步设计和设计概算进行施工图设计,施工图预算不得突破设计概算,如确需突破时,应按规定程序报批。

③设计概算是衡量设计方案经济合理性和选择最佳设计方案的依据。设计部门在初步设计阶段要选择最佳设计方案,设计概算是从经济角度衡量设计方案经济合理性的重要依据。

④设计概算是编制招标控制价(标底)和投标报价的依据。以设计概算进行招投标的工程,招标人以设计概算作为编制招标控制价(标底)及评标定标的依据。投标人也必须以设计概算为依据,编制投标报价,以合适的投标报价在投标竞争中取胜。

⑤设计概算是签订建设工程施工合同和贷款合同的依据。《中华人民共和国合同法》明确规定,建设工程合同价款是以设计概、预算价为依据,且总承包合同不得超过设计概算的投资额。银行贷款或各单项工程的拨款累计总额不能超过设计概算,如果项目投资计划所列支投资额与贷款突破设计概算时,必须查明原因,之后由建设单位报请上级主管部门调整或追加设计概算总投资,凡未批准之前,银行对其超支部分拒不拨付。

⑥设计概算是考核建设项目投资效果的依据。通过设计概算与竣工结算对比,可以分析和考核投资效果,同时还可以验证设计概算的准确性,有利于加强设计概算管理和建设项目的造价管理工作。

2.1.2　设计概算的编制内容

设计概算可分为单位工程概算、单项工程综合概算和建设项目总概算三级。各级概算之间的相互关系如图 2.1 所示。

1)单位工程概算

单位工程是指具有独立的设计文件,承包单位可以独立组织施工,但是建成后不能独立发挥生产能力或者使用效益的工程。单位工程概算是确定单位工程建设投资费用的造价文件,它以初步设计文件为依据,是反映各单位工程的工程费用的成果文件,是编制单项工程综合概算的基础,是设计概算书的组成部分。

单位工程概算分为建筑工程概算、设备及安装工程概算。建筑工程概算包括一般土建工程概算,给排水、采暖工程概算,通风、空调工程概算,电气、照明工程概算,弱电工程概算,特殊构筑物工程概算等;设备及安装工程概算包括机械设备及安装工程概算、电气设备及安装工程概算、热力设备及安装工程概算、工器具及生产家具购置费用概算等。

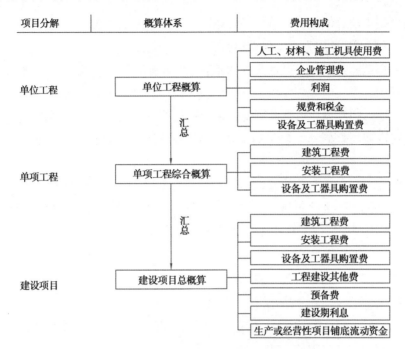

图 2.1 三级概算之间的相互关系和费用构成

2) 单项工程综合概算

单项工程是指具有独立的设计文件,承包单位可以独立组织施工,建成后可以独立发挥生产能力或具有使用效益的工程,是建设项目的组成部分。如生产车间、办公楼、食堂、图书馆、学生宿舍、住宅楼等。单项工程综合概算是确定一个单项工程(设计单元)费用的文件,是建设项目总概算的组成部分。

单项工程综合概算的组成内容如图 2.2 所示。

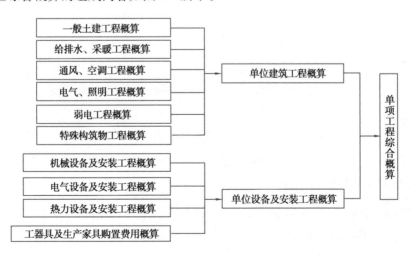

图 2.2 单项工程综合概算的组成内容

3) 建设项目总概算

建设项目是指按总体规划或总体设计进行建设的,由一个或若干个有内在联系的单项工程组成的工程总和,也称为基本建设项目。

建设项目总概算是以初步设计文件为依据,在单项工程综合概算的基础上计算建设项目概算总投资的成果文件。建设项目总概算是建设项目设计概算书的最终成果。非生产和非经营性建设项目的建设项目总概算是由各单项工程综合概算、工程建设其他费用概算、预备费概算和建设期利息概算汇总编制而成。生产或经营性建设项目还包括铺底流动资金概算。

若干个单位工程概算汇总后成为单项工程综合概算,若干个单项工程综合概算和工程建设其他费用、预备费、建设期利息以及铺底流动资金等概算汇总成为建设项目总概算,如图2.3所示。单项工程综合概算和建设项目总概算仅是一种归纳、汇总性文件,因此最基本的计算文件是单位工程概算。

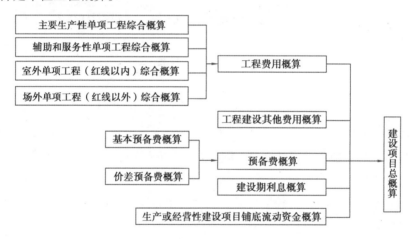

图 2.3　建设项目总概算的组成内容

2.1.3　设计概算的编制方法

建设项目总概算的编制,一般情况下,在工程项目实施领域反映的是建设项目固定资产总投资的编制。按照《建设项目经济评价方法与参数》(第三版)的规定,建设项目固定资产总投资由工程费用、工程建设其他费用、预备费、建设期利息和固定资产投资方向调节税(目前已暂停征收)组成,其中工程费用又包括了建筑安装工程费和设备及工器具购置费。建设工程项目总概算的编制,实际上是完成建设项目中所有单项工程等组成部分的上述费用计算。

1) 建筑安装工程费的计算

编制单位工程的概算建筑安装工程费,目前依旧采用的是传统的定额计价法。以建筑工程为例,多采用单价法编制单位工程概算建筑安装工程费。计算思路是:根据概算编制地区统一发布的相关专业工程的各概算分项工程定额基价,乘以相应的各概算分项工程的工程量,汇总相加得到单位工程的人工费、材料费和施工机具使用费后,再加上按地区规定程序和方法计算出来的企业管理费、利润、规费和税金,便可得出相应专业单位工程的概算建筑安装工程费。用单价法编制概算建筑安装工程费的主要计算公式为:

单位工程人工、材料、施工机具使用费 $= \sum$(概算分项工程工程量×相应概算分项工程定额基价)

单位工程企业管理费、利润、规费和税金 = 各费用规定的计算基数×各费用规定的费率(税率)

单位工程概算建筑安装工程费 = 人工费 + 材料费 + 施工机具使用费 + 管理费 + 利润 + 规费 + 税金

单价法编制概算建筑安装工程费的步骤如图 2.4 所示。

图 2.4　单价法编制概算建筑安装工程费的步骤

对于相关费用的概算计价标准,以北京市为例进行简要介绍。根据 2016 年《北京市建设工程计价依据——概算定额》分册《房屋建筑与装饰工程概算定额》关于概算工程造价计价的规定,北京市房屋建筑与装饰工程概算建筑安装工程费由人工费、材料费、施工机具使用费、企业管理费、利润、规费和税金构成。其中,房屋建筑与装饰工程费用标准按照规定包括企业管理费、利润、规费、税金。

(1)有关规定

①多跨联合厂房应以最大跨度为依据确定取费标准。单层厂房中分隔出的多层生活间、附属用房等,均按单层厂房的相应取费标准执行。

②多层厂房或库房应按檐高执行公共建筑的相应取费标准。

③单项工程檐高不同时,应以其最高檐高为依据确定取费标准。

④一个单项工程具有不同使用功能时,应按其主要使用功能即建筑面积比重大的确定取费标准。

⑤独立地下车库按公共建筑 25 m 以下的取费标准执行;停车楼按公共建筑相应檐高的取费标准执行。

⑥借用其他专业工程定额子目的,仍执行本专业工程的取费标准。

(2)计算规则

①企业管理费:以相应部分的人工费、材料费、施工机具使用费之和为基数计算。

②利润:以人工费、材料费、施工机具使用费、企业管理费之和为基数计算。

③规费:以人工费为基数计算。

④税金:以人工费、材料费、施工机具使用费、企业管理费、利润、规费之和为基数计算。

(3)房屋与建筑装饰工程概算费用标准

北京市房屋建筑与装饰工程概算费用标准如表 2.1 至表 2.4 所示。

表 2.1　企业管理费费用标准

序号	项目			计费基数	企业管理费率/%
1	单层建筑	厂房	跨度 18 m 以内	人工费＋材料费＋施工机具使用费	8.74
2			跨度 18 m 以外		9.94
3		其　他			8.40
4	住宅建筑	檐高	25 m 以下		8.88
5			45 m 以下		9.69
6			80 m 以下		9.90
7			80 m 以上		10.01
8	公共建筑		25 m 以下		9.25
9			45 m 以下		10.38
10			80 m 以下		10.76
11			120 m 以下		10.92
12			200 m 以下		10.96
13			200 m 以上		10.99
14	钢结构				3.81
15	独立土石方				7.10
16	施工降水				6.74
17	边坡支护及桩基础				6.98

表 2.2　利润费用标准

序号	项目	计费基数	费率/%
1	利润	人工费＋材料费＋施工机具使用费＋企业管理费	7.00

表 2.3　规费费用标准

序号	项目	计费基数	费率/%
1	规费	人工费	20.25

表 2.4　税金费用标准

序号	项目	计费基数	费率/%
1	税金	人工费＋材料费＋施工机具使用费＋企业管理费＋利润＋规费	11.00

2) 设备及工器具购置费的计算

设备及工器具购置费由设备购置费和工器具及生产家具购置费组成。

设备购置费是指为建设项目购置或自制的达到固定资产标准的各种国产或进口设备、工具、器具的购置费用。

设备购置费＝设备原价＋设备运杂费

（1）设备原价

国产设备原价一般指的是设备制造厂的交货价或订货合同价。它一般根据生产厂或供应商的询价、报价、合同价确定。

进口设备原价是指进口设备的抵岸价，通常由进口设备到岸价（CIF）和进口从属费构成。进口设备到岸价，即抵达买方边境港口或边境车站的价格。在国际贸易中，交易双方所使用的交货类别不同，则交易价格的构成内容也有所差异。进口从属费包括银行财务费、外贸手续费、关税、消费税、进口环节增值税等，进口车辆的还需缴纳车辆购置税。

在国际贸易中，较为广泛使用的交易价格术语有 FOB，CFR 和 CIF。

①FOB（Free On Board），意为装运港船上交货，亦称离岸价格。FOB 是指当货物在指定的装运港越过船舷，卖方即完成交货义务。风险转移以在指定的装运港货物越过船舷时为分界点。费用划分与风险转移的分界点相一致。

②CFR（Cost and Freight），意为成本加运费，或称为运费在内价。CFR 是指在装运港货物超过船舷后卖方即完成交货，但是卖方还必须支付将货物运至指定的目的港所需的国际运费，但交货后货物灭失或损坏的风险以及由于各种事件造成的任何额外费用，却由卖方转移到买方。与 FOB 相比，CFR 的费用划分与风险转移的分界点是不一致的。

③CIF（Cost Insurance and Freight），意为成本加保险费、运费，习惯称为到岸价格。在 CIF 术语中，卖方除负有与 CFR 相同的义务外，还应办理货物在运输途中最低险别的海运保险，并应支付保险费。如买方需要更高的保险险别，则需要与卖方明确地达成协议，或者自行做出额外的保险安排。除保险这项义务外，买方的义务与 CFR 相同。

我国在采购进口设备时，一般情况下多基于装运港船上交货（FOB）计算进口设备原价，计算公式如下：

进口设备到岸价（CIF）= 离岸价格（FOB）+ 国际运费 + 运输保险费

进口从属费 = 银行财务费 + 外贸手续费 + 关税 + 消费税 + 进口环节增值税 + 车辆购置税

进口设备抵岸价格 = 进口设备到岸价（CIF）+ 进口从属费

其中：

离岸价格（FOB）是指在 FOB 交易术语下设备的购置价格，由设备厂家报价；

国际运费（海、陆、空）= 原币货价（FOB）× 运费率（%）；

运输保险费 = {[原币货价（FOB）+ 国际运费]/[1−保险费率（%）]} × 保险费率（%）；

银行财务费 = 离岸价格（FOB）× 人民币外汇汇率 × 银行财务费率；

外贸手续费 = 到岸价格（CIF）× 人民币外汇汇率 × 外贸手续费率；

关税 = 到岸价格（CIF）× 人民币外汇汇率 × 进口关税税率；

消费税 = [到岸价格（CIF）× 人民币外汇汇率 + 关税]/[1−消费税税率（%）] × 消费税税率（%）；

进口环节增值税 = [到岸价格（CIF）+ 关税 + 消费税] × 增值税税率（%）；

进口车辆购置税 = [到岸价格（CIF）+ 关税 + 消费税] × 车辆购置税率（%）。

这里需要说明的是，我国建设工程项目采购进口设备一般不涉及消费税和进口车辆购置税。

（2）设备运杂费

设备运杂费是指所购买的设备在国内的运杂费，通常由设备在国内的运费和装卸费、包装费、设备供销部门的手续费、采购与仓库保管费构成。设备运杂费按设备原价乘以设备运杂费率计算，其公式为：

$$设备运杂费 = 设备原价 \times 设备运杂费率(\%)$$

其中，设备运杂费率按各部门及省、市有关规定计取。

（3）工器具及生产家具购置费

工器具及生产家具购置费是指新建或扩建项目初步设计规定的，保证初期正常生产必须购置的没有达到固定资产标准的设备、仪器、工卡模具、器具、生产家具和备品备件等的购置费用。一般以设备购置费为计算基数，按照部门或行业规定的工具、器具及生产家具费率计算。计算公式为：

$$工器具及生产家具购置费 = 设备购置费 \times 规定费率$$

3）工程建设其他费用的计算

工程建设其他费用是指从工程筹建起到工程竣工验收交付使用止的整个建设期间，除建筑安装工程费用和设备及工器具购置费用以外的，为保证工程建设顺利完成和交付使用后能够正常发挥效用而发生的各项费用，包括建设用地费、与项目建设有关的其他费用和与未来生产经营有关的其他费用。

（1）建设用地费

按照北京市相关规定，工程项目建设用地费主要由土地征用费、拆迁补偿费和城市基础设施建设费组成。相关费用的计算方法按照地区土地管理部门的规定执行，一般可采用所征用、拆迁的土地面积乘以单位单价计算。

（2）与项目建设有关的其他费用

该类别的费用是指为了保证项目的顺利建设，按照国家、地区的相关规定，发包人在项目实施过程中对项目进行管理、完成与建设项目实施有关的工作，以及在工程前期进行相关工作、办理相关业务所支出的费用。例如，建设管理费、可行性研究费、施工招投标交易服务费、研究试验费、勘察设计费、工程监理费、环境影响评价费、劳动安全卫生评价费、场地准备及临时设施费等费用。

一般情况下，这些费用的计算需要按照涉及的相关行业或者部门的规定进行。例如，工程监理费、勘察设计费需要按照监理行业、勘察设计行业的取费规定进行计算；施工招投标交易服务费、环境影响评价费等需要按照政府相关部门的规定进行计算。

（3）与未来生产经营有关的其他费用

该类别的费用包括生产型项目在项目完成之后，营运初期所支出的相关费用，如生产准备及开办费、联合试运转费等。该项费用按照项目的实际情况预测费用支出即可。

4）预备费的计算

按我国现行规定，预备费包括基本预备费和价差预备费。

（1）基本预备费

基本预备费是指针对在项目实施过程中可能发生的难以预料的支出，需要事先预留的费用。基本预备费又称为工程建设不可预见费，主要指设计变更及施工过程中可能增加工程量的费用。基本预备费一般由以下 3 个部分构成：

①在批准的初步设计范围内,技术设计、施工图设计及施工过程中增加的工程费用,设计变更、工程变更、材料代用、局部地基处理等增加的费用。

②一般自然灾害造成的损失和预防自然灾害采取的措施费用。实行工程保险的工程项目,该费用应适当降低。

③竣工验收时,为鉴定工程质量,对隐蔽工程进行的必要的挖掘和修复费用。

基本预备费是以工程费用和工程建设其他费用二者之和为计取基础,乘以基本预备费费率进行计算。

$$基本预备费=(工程费用+工程建设其他费用)×基本预备费费率$$

基本预备费费率的取值应执行国家及相关部门的有关规定。

（2）价差预备费

价差预备费是指针对建设项目在建设期间,由于材料、人工、设备等价格可能发生变化引起工程造价变化而事先预留的费用,亦称为价格变动不可预见费。

价差预备费一般根据国家规定的投资综合价格指数,以估算年份价格水平的投资额为基数,采用复利方法计算。计算公式为:

$$PF = \sum_{t=1}^{n} I_t [(1+f)^m (1+f)^{0.5} (1+f)^{t-1} - 1]$$

式中　PF——价差预备费;

　　　n——建设期年份数;

　　　I_t——建设期中第 t 年的投资计划额,包括工程费用、工程建设其他费用及基本预备费,即第 t 年的静态投资;

　　　f——年均投资价格上涨率;

　　　m——建设前期年限(从编制估算起到开工建设止)。

5) 建设期利息的计算

建设期利息包括向国内银行和其他非银行金融机构贷款、出口信贷、外国政府贷款、国际商业银行贷款以及在境内外发行债券等在建设期间应计的贷款利息。

当总贷款是分年均衡发放时,建设期利息的计算可按当年贷款在年中支用考虑,即当年贷款按半年计息,上年贷款按全年计息。计算公式为:

$$Q = \sum_{i=1}^{n} (P_{j-1} + A_j/2)i$$

式中　Q——建设期利息;

　　　P_{j-1}——建设期第 $j-1$ 年末累计贷款本金与利息之和;

　　　A_j——建设期第 j 年贷款金额;

　　　i——年利率。

2.1.4　设计概算的审查

1) 设计概算审查的作用

①有利于合理分配投资资金、加强投资计划管理,有助于合理确定和有效控制工程造价。设计概算编制偏高或偏低,不仅影响工程造价的控制,也会影响投资计划的真实性,影

响投资资金的合理分配。

②有利于促进概算编制单位严格执行国家有关概算的编制规定和取费标准,从而提高概算的编制质量。

③有利于促进设计的技术先进性与经济合理性。概算中的技术经济指标是概算的综合反映,与同类工程对比,便可看出它的先进与合理程度。

④有利于核定建设项目的投资规模,使建设项目总投资力求做到准确、完整,防止任意扩大投资规模或出现漏项,从而减少投资缺口,缩小概算与预算之间的差距;避免故意压低概算投资,搞"钓鱼"项目,最后导致实际造价大幅度地突破概算。

⑤有利于为建设项目投资的落实提供可靠依据。打足投资,不留缺口,有助于提高建设项目的投资效益。

2)设计概算审查的内容

(1)审查设计概算的编制依据

①审查编制依据的合法性。采用的各种编制依据必须经过国家和授权机关的批准,符合国家有关的编制规定,未经批准的不能采用。不能强调情况特殊,擅自提高概算定额、指标或取费标准。

②审查编制依据的时效性。各种编制依据,如定额、指标、价格、取费标准等都应依据国家有关部门的现行规定,注意有无调整或新的规定,如有调整或新的规定,应按新的调整办法或规定执行。

③审查编制依据的适用范围。各种编制依据都有规定的适用范围,如各主管部门规定的各种专业定额及其取费标准,只适用于该部门的专业工程;各地区规定的各种定额及其取费标准,只适用于该地区范围内。特别是地区的材料预算价格区域性更强,如某市有该市区的材料预算价格,又编制了郊区内一个矿区的材料预算价格,在编制该矿区某工程概算时,应采用该矿区的材料预算价格。

(2)审查设计概算的编制深度

①审查编制说明。审查编制说明,可以检查概算的编制方法、深度和编制依据等最大原则问题,若编制说明有差错,则具体概算必有差错。

②审查编制深度。一般大中型项目的设计概算应有完整的编制说明和"三级概算"(即总概算表、单项工程综合概算表、单位工程概算表),并按有关规定的深度进行编制。审查是否有符合规定的"三级概算",各级概算的编制、核对、审核是否按规定签署,有无随意简化,有无把"三级概算"简化为"二级概算"。

③审查编制范围及具体内容。审查概算的编制范围及具体内容是否与主管部门批准的建设项目范围及具体工程内容一致;审查分期建设项目的实施范围及具体工程内容有无重复交叉,是否重复计算或漏算;审查其他费用应列的项目是否符合规定,静态投资、动态投资和经营性项目铺底流动资金是否分别列出等。

(3)审查设计概算的编制内容

①审查设计概算的编制是否符合国家的方针、政策,是否根据工程所在地的自然条件编制。

②审查建设规模(投资规模、生产能力等)、建设标准(用地指标、建筑标准等)、配套工

程、设计定员等是否符合原批准的可行性研究报告或立项批文的标准。对建设项目总概算投资超过批准投资估算 10% 以上的,应查明原因,重新上报审批。

③审查编制方法、计价依据和程序是否符合现行规定,包括定额或指标的适用范围和调整方法是否正确;补充定额或指标的项目划分、内容组成、编制原则等是否与现行定额的要求相一致等。

④审查工程量是否正确。工程量的计算是否根据初步设计图纸、概算定额工程量计算规则进行,是否结合了工程项目所在地区的实际情况,有无多算、重算和漏算,尤其是对工程量大、造价高的项目,要重点审查。

⑤审查材料用量和价格。审查主要材料(钢材、木材、水泥、砖)的用量数据是否正确,材料预算价格是否符合工程所在地的价格水平,材料价差调整是否符合现行规定及其计算是否正确等。

⑥审查设备规格、数量和配置是否符合设计要求,是否与设备清单相一致,设备预算价格是否真实,设备原价和设备运杂费的计算是否正确,非标准设备原价的计价方法是否符合规定,进口设备的各项费用组成及其计算程序、方法是否符合国家主管部门的规定。

⑦审查建筑安装工程各项费用的计取是否符合国家或地方有关部门的现行规定,计算程序和取费标准是否正确。

⑧审查单项工程综合概算、建设项目总概算的编制内容和方法是否符合现行规定和设计文件的要求,有无设计文件外项目,有无将非生产性项目以生产性项目列入。

⑨审查总概算文件的组成内容,是否完整地包括了建设项目从筹建起到竣工投产止的全部费用组成。

⑩审查工程建设其他费用项目。这部分费用内容多、弹性大,占项目总投资的 15% ~ 25%,要按国家和地区规定逐项审查,不属于总概算范围的费用项目不能列入概算,具体费率或计取标准是否按国家、行业有关部门的规定计算,有无随意列项,有无多列项、交叉列项和漏项等。

⑪审查项目的"三废"治理。拟建项目必须同时安排"三废"(废水、废气、废渣)的治理方案和投资,对于未作安排或漏项或多算、重算的项目,要按国家有关规定核实投资,以保证"三废"排放达到国家标准。

⑫审查技术经济指标。技术经济指标的计算方法和程序是否正确,综合指标和单项指标与同类型工程指标相比是偏高还是偏低,其原因是什么,并予以纠正。

⑬审查投资经济效果。设计概算是初步设计经济效果的反映,要按照生产规模、工艺流程、产品品种和质量,从企业的投资效益和投产后的运营效益出发,全面分析其是否达到了先进可靠、经济合理的要求。

3)设计概算审查的基本方法

(1)对比分析法

对比分析法主要是通过建设规模、标准与立项批文对比,工程数量与设计图纸对比,综合范围、内容与编制方法、规定对比,各项取费与规定标准对比,人工、材料价格与统一信息价格对比,引进设备、技术投资与报价要求对比,技术经济指标与同类工程对比等,发现设计概算存在的主要问题和偏差。

（2）查询核实法

查询核实法是对一些投资额相对较大的关键设备和设施、重要生产装置等，若存在图纸不全或者难以核算的情况时，进行多方查询核对，逐项落实的方法。主要设备的市场价向设备供应商查询核实，重要生产装置、设施向同类企业（工程）查询了解，引进设备价格及有关费税向进出口公司调查落实，复杂的建筑安装工程向同类工程的项目参与方征求意见，深度不够或不清楚的问题直接同原概算编制人员、设计者询问清楚。

（3）联合会审法

联合会审前，可先采取多种形式分头审查，包括设计单位自审，主管、建设、承包单位初审，工程造价咨询公司评审，邀请同行专家预审，审批部门复审等，经层层审查把关后，由有关单位和专家进行联合会审。在会审大会上，由设计单位概算编制部门介绍概算编制情况及有关问题，各有关单位、专家汇报初审、预审意见；然后进行认真分析、讨论，结合对各专业技术方案的审查意见所产生的投资增减，逐一核实概算出现的问题；经过充分协商，认真听取设计单位意见后，实事求是地处理和调整。

对审查中发现的问题和偏差，按照单位工程概算、单项工程综合概算、建设项目总概算的顺序，按设备费、安装工程费、建筑工程费和工程建设其他费分类整理；然后按照静态投资、动态投资和铺底流动资金三大类，汇总核增或核减的项目及其投资额；最后将具体审核数据按照"原编概算""增减投资""增减幅度""调整原因"四栏列表，并按照原总概算表汇总顺序将增减项目逐一列出，相应调整所属项目投资合计，再依次汇总审核后的总投资及增减投资额。对于差错较多、问题较大或不能满足要求的，责成编制单位按审查意见修改后，重新报批。

2.1.5 设计概算的调整

设计概算批准后，一般不得调整。但由于以下 3 个原因引起的设计和投资变化，可以调整概算，并应严格按照调整概算的有关程序执行。

①超出原设计范围的重大变更。凡涉及建设规模、产品方案、总平面布置、主要工艺流程、主要设备型号与规格、建筑面积、设计定员等方面的修改，必须由原批准立项单位认可，原设计审批单位复审，经复核批准后方可变更。

②超出预备费规定的范围，属于不可抗拒的重大自然灾害引起的工程变动或费用增加。

③超出预备费规定的范围，属于国家重大政策性变动因素引起的调整。

由于上述原因需要调整概算时，应由建设单位调查分析变更原因并报原概算审批部门，审批同意后，由原设计单位概算编制部门核实并编制调整概算，并按有关审批程序报批。由于第一个原因（设计范围的重大变更）而需要调整概算时，还需要重新编制可行性研究报告，经论证、评审以及审批后，才能调整概算。建设单位（项目业主）自行扩大建设规模、提高建设标准等而增加费用不予调整。

需要调整概算的工程项目，影响工程概算的主要因素已经清楚，工程量完成一定量后方可进行调整，一个工程只允许调整一次概算。

调整概算的编制深度、要求、文件组成及表格形式同原设计概算。调整概算还应对工程概算调整的原因做详尽分析和说明，所调整的内容在调整概算总说明中要逐项与原批准概算对比,并编制调整前后概算对比表,分析主要变更原因;当调整变化内容较多时,调整前后概算对比表以及主要变更原因分析应单独成册,也可以与设计文件调整原因分析一起编制成册。在上报调整概算时,应同时提供原设计的批准文件、重大设计变更的批准文件、工程已发生的影响工程投资的主要设备和大宗材料采购合同等,作为调整概算的附件。

2.2　广联达云计价平台 GCCP5.0 编制概算的特点和流程

基于广联达云计价平台 GCCP5.0 的概算编制,采用了概算编制方法中相对精确的"概算定额法"来编制建设工程项目的设计概算。相比较利用 GBQ4.0 软件编制建设项目的设计概算,GCCP5.0 软件在利用 GBQ4.0 软件编制建设工程建筑安装工程费的基础上,将GBQ4.0 软件中不能完成的一类费用中的设备购置费、二类费用(工程建设其他费用)以及三类费用(预备费、建设期利息、经营性铺底流动资金等)的概算费用计算及概算编制融入软件中,进而改变了在利用 GBQ4.0 软件编制建设项目设计概算的过程中,建筑安装工程费的计算靠软件、概算的其他费用计算靠 Excel 的方式(见图 2.5),实现了完全依靠 GCCP5.0 软件编制完整的建设项目设计概算的目的。

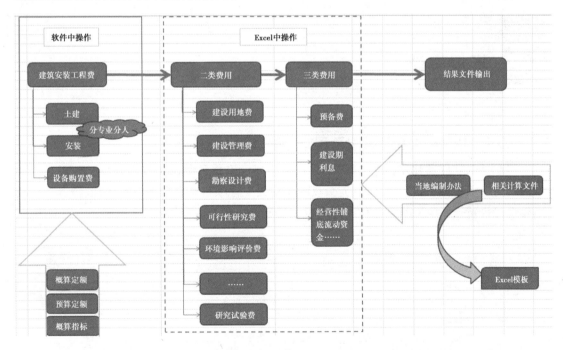

图 2.5　利用 GBQ4.0 软件编制概算的流程

此外,在 GCCP5.0 软件概算模块中,软件嵌入了各地概算定额和概算编制方法,并根据不同省份对概算编制要求的不同进行了明确区别,一是实现了不同省份利用 GCCP5.0 软件编制概算的需要;二是解决了造价人员在编制外地建设项目设计概算时,需要调取当地概算定额,查询当地与概算编制相关的文件、规定的情况,向用户提供了概算编制的一站式服务。同时,软件内嵌了各种复杂费用的计算工具,为用户编制概算也提供了相应的便利。

综上所述,利用 GCCP5.0 软件编制建设项目设计概算,基本的编制流程如图 2.6 所示。

图 2.6　GCCP5.0 软件编制建设项目设计概算的流程

2.3　场景设计

2.3.1　场景一:新建建设工程概算项目

GCCP5.0 软件新建建设工程概算项目,遵循建设工程自单位工程,到单项工程,再到建设项目的三级概算项目管理体制,充分反映了建设工程项目概算造价的层次性、概算造价的组合性计价特点。GCCP5.0 软件新建建设工程概算项目的流程如图 2.7 所示。

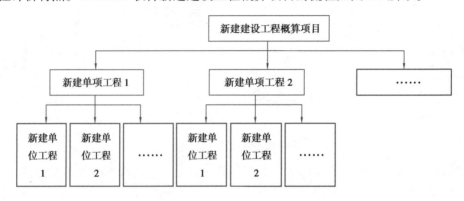

图 2.7　GCCP5.0 软件新建建设工程概算项目的流程

操作过程如下：

①单击标题栏中的"新建"按钮，在下拉菜单中单击"新建概算项目"，再在弹出的对话框中选择项目所在地区（本书以北京市为例），然后单击"新建项目"，如图 2.8 所示。

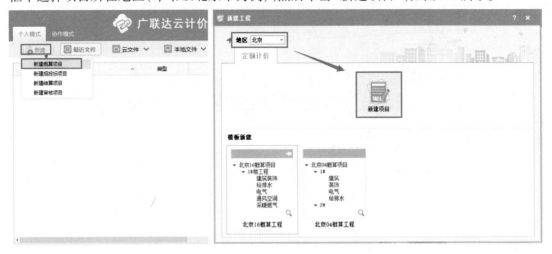

图 2.8　新建概算项目

此处的"新建项目"是指新建一个建设项目的概算模板，是三级概算项目管理体制中的最高阶。一般情况下，由于不同建设项目的单项工程构成不同，所以建议用户根据建设项目的实际情况单击"新建项目"，自行建立建设项目的概算模板。此外，软件也提供一些标准模板，如"北京 16 概算工程"等，用户可以单击"放大镜"按钮，查看标准模板的组成，并选择使用。

②在弹出的"新建项目"对话框中依次输入项目名称、项目编码，选取项目所在地区的概算定额，导入价格文件，单击"下一步"按钮，即可完成建设项目概算模板的建立，如图 2.9 所示。

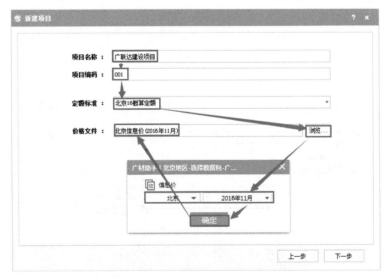

图 2.9　建立建设项目概算模板

需要说明的是，"定额标准"必须准确输入，新建项目完成后不能更改；其他信息可按实际填写，新建项目完成后可以在软件中修改相应信息。

③进入"新建项目"对话框,单击"新建单项工程",在弹出的"新建单项工程"对话框中,按照建设项目的单项工程组成,依次输入各单项工程的"单项名称""单项数量",并选择单项工程中所包含的相应单位工程项目,然后单击"确定"按钮,如图 2.10 所示。

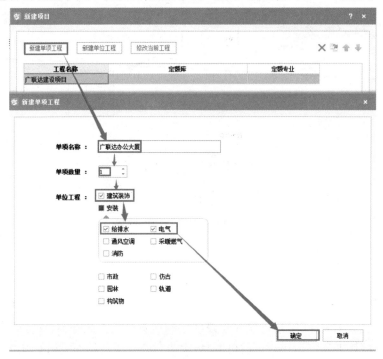

图 2.10　新建单项工程和单位工程概算模板

在"新建单项工程"对话框中,软件内置了相应的"单位工程"选项,因此用户只需按照工程的实际情况,在对话框中勾选各单项工程包含的相关单位工程即可,无须再手动建立,软件会自动按照用户的选择新建单项工程中的单位工程。

单项工程建立完毕后,用户还可以在"新建项目"对话框中,按照建设项目实际情况再新建多个单项工程,或者对已经建立完成的单项工程建立相应的单位工程,或者修改已经建立完成的单项工程、单位工程的相关信息,如图 2.11 所示。

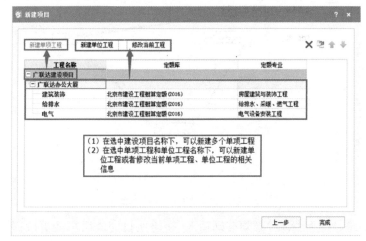

图 2.11　逐步新建"单项工程→单位工程"概算模板

④新建项目完成后,进入软件概算模块的工作界面,在工作界面的导航栏中,形成了建设项目的三级概算项目管理体制,至此利用 GCCP5.0 软件就完成了概算项目的新建操作,如图 2.12 所示。

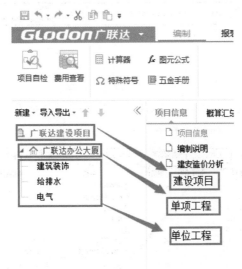

图 2.12　GCCP5.0 软件的三级概算管理目录

2.3.2　场景二:确定单位工程的概算建筑安装工程费

按照概算定额法编制建设项目概算的"分部—组合计价"思想,GCCP5.0 软件的基本做法是:

首先,在单位工程界面下,完成相应单位工程项目的建筑安装工程费的计算,如图 2.13 所示。

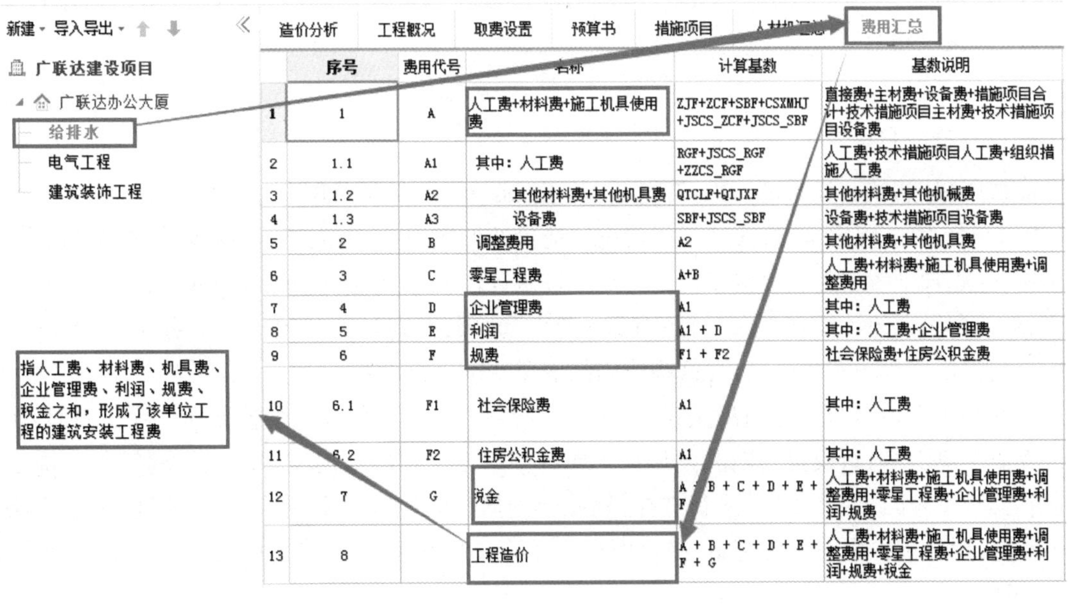

序号	费用代号	名称	计算基数	基数说明
1	1	A	人工费+材料费+施工机具使用费	ZJF+ZCF+SBF+CSXMHJ+JSCS_ZCF+JSCS_SBF	直接费+主材费+设备费+措施项目合计+技术措施项目主材费+技术措施项目设备费
2	1.1	A1	其中:人工费	RGF+JSCS_RGF+ZZCS_RGF	人工费+技术措施项目人工费+组织措施人工费
3	1.2	A2	其他材料费+其他机具费	QTCLF+QTJXF	其他材料费+其他机械费
4	1.3	A3	设备费	SBF+JSCS_SBF	设备费+技术措施项目设备费
5	2	B	调整费用	A2	其他材料费+其他机械费
6	3	C	零星工程费	A+B	人工费+材料费+施工机具使用费+调整费用
7	4	D	企业管理费	A1	其中:人工费
8	5	E	利润	A1 + D	其中:人工费+企业管理费
9	6	F	规费	F1 + F2	社会保险费+住房公积金费
10	6.1	F1	社会保险费	A1	其中:人工费
11	6.2	F2	住房公积金费	A1	其中:人工费
12	7	G	税金	A + B + C + D + E + F	人工费+材料费+施工机具使用费+调整费用+零星工程费+企业管理费+利润+规费
13	8		工程造价	A + B + C + D + E + F + G	人工费+材料费+施工机具使用费+调整费用+零星工程费+企业管理费+利润+规费+税金

指人工费、材料费、机具费、企业管理费、利润、规费、税金之和,形成了该单位工程的建筑安装工程费

图 2.13　单位工程界面

其次,在单项工程界面下,软件自动汇总所包含的相应单位工程的建筑安装工程费,并分析该单项工程的相关造价指标,如图 2.14 所示。

序号	名称	项目造价(元)	占造价百分比(%)	建筑面积(m2)	单方造价(元/m2)	预算书 预算书合计	措施项目 措施项目合计	措施项目 安全文明施工费	零星工程费	规费 规费合计	税金
1	1	建筑装饰	0	0	0	0	0	0	0	0	0	0
2	2	给排水	0	0	0	0	0	0	0	0	0	0
3	3	电气	0	0	0	0	0	0	0	0	0	0
4												
5		合计					0	0	0	0	0	0

图 2.14 单项工程界面

最后,在建设项目界面下,完成设备购置费、工程建设其他费用和建设项目三类费用的取费计算,并汇总建设项目的概算总投资,如图 2.15 所示。

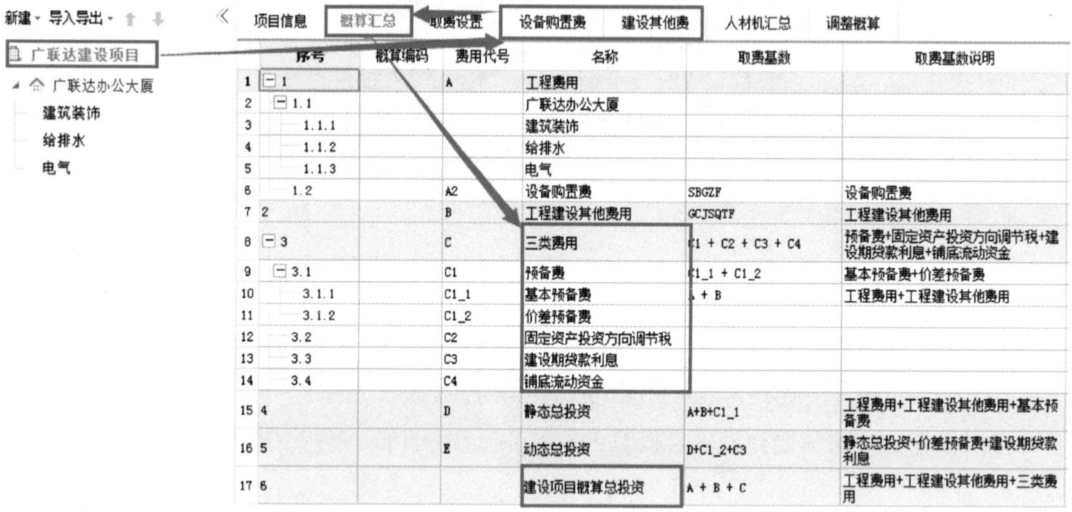

序号	概算编码	费用代号	名称	取费基数	取费基数说明
1	- 1	A	工程费用		
2	- 1.1		广联达办公大厦		
3	1.1.1		建筑装饰		
4	1.1.2		给排水		
5	1.1.3		电气		
6	1.2	A2	设备购置费	SBGZF	设备购置费
7	2	B	工程建设其他费用	GCJSQTF	工程建设其他费用
8	- 3	C	三类费用	C1 + C2 + C3 + C4	预备费+固定资产投资方向调节税+建设期贷款利息+铺底流动资金
9	- 3.1	C1	预备费	C1_1 + C1_2	基本预备费+价差预备费
10	3.1.1	C1_1	基本预备费	A + B	工程费用+工程建设其他费用
11	3.1.2	C1_2	价差预备费		
12	3.2	C2	固定资产投资方向调节税		
13	3.3	C3	建设期贷款利息		
14	3.4	C4	铺底流动资金		
15	4	D	静态总投资	A+B+C1_1	工程费用+工程建设其他费用+基本预备费
16	5	E	动态总投资	D+C1_2+C3	静态总投资+价差预备费+建设期贷款利息
17	6		建设项目概算总投资	A + B + C	工程费用+工程建设其他费用+三类费用

图 2.15 建设项目界面

综上所述,如果要完成整个建设项目的概算编制,应先完成其所包含的各单位工程的建筑安装工程费的计算。

操作过程如下:

1)进行取费设置

按照《住房城乡建设部 财政部关于印发〈建筑安装工程费用项目组成〉的通知》(建标〔2013〕44 号)的规定,建筑安装工程费按照造价的形成划分,由人工费、材料费、施工机具使用费、企业管理费、利润、规费和税金构成。按照计价规定,企业管理费、利润、安全文明施工费、规费和税金的计算方式为"计算基数×费率"。因此,在进行建筑安装工程费计价之前,应首先根据工程的实际情况,对这些费用的取费费率进行设置。

在 GCCP5.0 软件中进行取费设置,可以在导航栏中将工作界面切换到建设项目界面,在该界面下单击"取费设置"按钮,然后在工作区中根据工程项目的实际情况对建筑与装饰工程和安装工程的"取费条件"进行选择,软件会依据相应地区对企业管理费、利润、安全文明施工费、规费和税金的取费规定,结合用户选择的取费条件,自动确定相关费用的费率,如图2.16 所示。

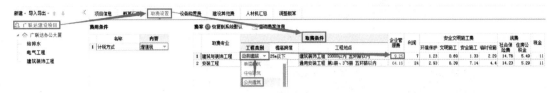

图 2.16 进行"取费设置"

需要说明的是,在软件初始默认的取费条件下,相应费用的费率为黑色字体显示;当用户对取费条件中的相关信息进行更改后,软件会根据更改的信息内容自动变更与之相关的取费费率,并用红色字体显示,表示需要用户注意,该项费率与默认相比发生了变化。

另外,用户也可以通过"查询费率信息"按钮,手动查询相关费用的费率,并在工作区手动输入该费用的费率,如图 2.17 所示。一般情况下,手动查询是没有必要的。

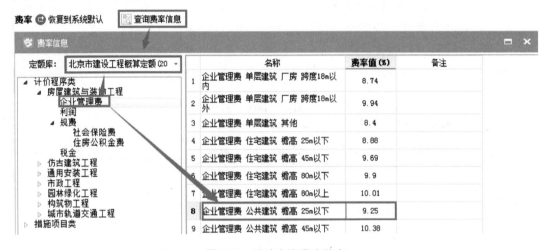

图 2.17 手动查询费率信息

在建设项目界面进行取费设置后,就可以在导航栏中将工作界面切换至需要计算建筑安装工程费的相关单位工程界面,此时由于取费费率已经较默认发生改变,软件会再次提示用户"取费设置数据有修改,是否应用?",选择"是"按钮,软件会提示"应用成功",即可完成对建筑与装饰工程、安装工程的取费设置,如图 2.18 所示。

图 2.18 取费设置的确认

此时,在各单位工程的"取费设置"界面下,相应费用的取费费率已经进行了变更,如图2.19 所示。

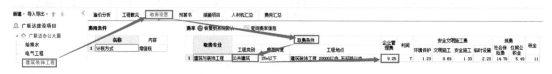

图 2.19　完成取费设置

【注意】

由于一个建设项目中可能包含不同性质的单位工程,若某一性质的单位工程与在建设项目界面统一设置的取费不一致,可在该单位工程界面单独更改该单位工程的取费条件。这种修改会使该单位工程的相关费率变为红色字体,并提示与默认费率不一致的原因,但这种修改不会影响其他同类单位工程的取费费率,如图 2.20 所示。(注意:本案例中单位工程取费与建设项目界面统一设置的取费一致,故无须按上述做法单独修改)

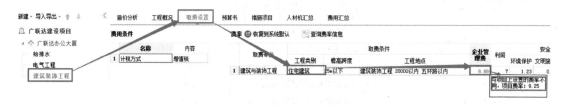

图 2.20　单位工程取费设置的修改

2)编制分部分项工程概算

根据工程造价的计价流程,一般情况下,当需要进行概算计价时,单位工程相应的分部分项及措施项目工程量已经通过相关算量软件或者手工计算得出。因此,GCCP5.0 软件在进行各单位工程概算编制时,分部分项工程及措施项目概算计价一般采用"导入已完成的概算工程量+补充工程量"的方式进行,从而实现与已有工程量资料进行交互,并且快速编制概算造价的目的。

(1)导入已完成的概算工程量

GCCP5.0 软件提供了 3 种导入已完成的概算工程量的方法,即导入 Excel 文件、导入外部工程和导入算量文件,如图 2.21 所示。

①导入 Excel 文件。导入 Excel 文件,是指将已经完成的概算工程量汇总表(Excel 文件)中的工程量数据导入 GCCP5.0 软件中,通过软件自动识别并辅助人工手动识别表中数据的方式,完成相应单位工程的概算分部分项及措施项目工程量的输入。

具体做法:单击"导入"→"导入 Excel 文件",在弹出的"导入 Excel 招标文件"对话框中,选择需要导入的

图 2.21　导入已完成的概算工程量的方法

Excel 概算工程量汇总表并单击"打开"按钮,在工作区中将不需要识别的内容取消,将软件未能自动识别的内容手动识别,即可完成 Excel 概算工程量汇总表的导入,如图 2.22 所示。

图 2.22 导入 Excel 文件的操作流程

如图 2.22 所示,软件需要导入的工程量表的内容主要包括项目的定额编码、项目名称、项目计量单位和定额工程量。因此,对于"无效行"内容,软件如果默认选择,则需要用户手动取消选择,软件不会导入该行数据;对于"未识别的列",如果不手动指定该列的内容,软件则默认不导入该列数据,如果其内容确实为导入内容,则需要用户手动指定该列名称。

> **【注意】**
>
> 目前单位工程在进行概算造价时,建筑安装工程费计价采用的是定额计价模式,因此所导入的 Excel 概算工程量汇总表中的各项目定额必须与 GCCP5.0 软件所选择概算定额一致。否则,软件将无法识别 Excel 概算工程量汇总表中相应项目的编码和名称,进而将无法识别的项目新建为补充定额子目。

②导入算量文件。导入算量文件,是指将 GCCP5.0 软件与广联达算量软件(如 GCL,GQI 等)实现交互,将算量软件中的定额项目工程量直接导入 GCCP5.0 软件中,完成相应单位工程的概算分部分项及措施项目工程量的输入。

具体做法:单击"导入"→"导入算量文件",在弹出的"打开文件"对话框中选择需要导入的广联达算量文件并单击"打开"按钮;在弹出的"GCL 对比导入"对话框中,勾选需要导入的定额子目,并单击"导入"按钮即可完成算量文件的导入,如图 2.23 所示。

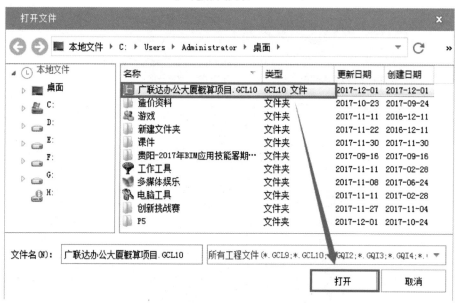

图 2.23　导入算量文件的操作流程

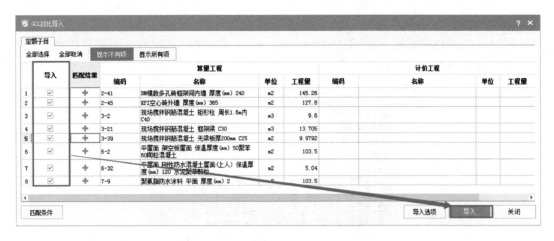

图 2.23　导入算量文件的操作流程（续图）

【注意】

　　导入算量文件需要注意：首先，GCCP5.0 软件目前所支持的算量文件主要包括广联达 GCL 土建算量文件、广联达 GQI 安装算量文件、广联达 GDQ 精装算量文件、广联达 GMA 市政算量文件；其次，所导入的算量文件必须经过汇总计算并且保存；再次，概算目前采用的是定额计价模式，因此所导入的算量文件必须采用定额计价模式；最后，所导入的算量文件的专业和所采用的概算定额必须与 GCCP5.0 软件一致。否则，软件无法导入算量文件。

　　③导入外部工程。导入外部工程，是指将利用 GCCP5.0 软件做好的单位工程概算导入新的基于 GCCP5.0 软件所做的概算工程中。当建设项目较大，所含单项工程、单位工程较多，需要多人分块协作完成时，采用该导入方法可以实现将不同编制人员各自利用 GCCP5.0 软件完成的单位工程概算进行汇总整合，具体操作方法这里不再赘述。

　　（2）整理子目

　　将已完成的概算工程量导入 GCCP5.0 软件后，单位工程工作区会呈现导入的所有分部分项工程，用户可以对这些导入的分部分项工程子目进行归纳整理，将不同的分部分项工程子目对应到不同的章、节中。软件提供了子目整理功能，用户可以根据需要选择子目整理的层级，让软件自动将不同的定额子目按照用户要求的层级进行快速整理。具体操作如下：

　　①单击工具栏中的"整理子目"→"分部整理"，如图 2.24 所示。

图 2.24　进行定额子目的分部整理

②在弹出的"分部整理"对话框中选择需要整理的层级,一般情况下均选择"需要章分部标题",单击"确定"按钮,如图 2.25 所示,此时软件会自动将不同的定额子目按照定额的"章"进行归纳分类。

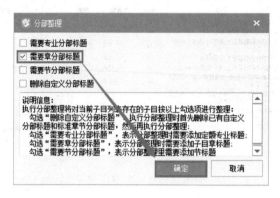

图 2.25 选择按定额"章"进行分部整理

③软件自动整理完成后,工作区左侧会出现定额各章的名称,选择某章名称时,工作区右侧会出现该章所包含的相关定额子目,如图 2.26 所示。

	编码	类别	名称	单位	工程量表达式	含量	工程量	单价	合价
B1	⊟ 0101		土石方工程						456924.35
1	1-1	定	平整场地	m2	1029.68		1029.68	4.54	4674.75
2	1-5	定	有地下室满堂基础机挖土方 槽深5m以内 地下室基础底板价包面积 (m2)以内 2000(m2)以内	m3	5687.20+31.65		5718.93	64.8	370586.66
3	1-30	定	原土打夯	m2	1127.5262+19.8625		1147.39	1.47	1686.66
4	1-35	定	地下室内回填 夯实素土	m3	597		597	43.04	25694.88
5	1-37	定	场地回填 素土	m3	1206.11		1206.11	4.13	4981.23
6	1-41	定	土方回运运距1km以内	m3	3915.82		3915.82	12.59	49300.17

图 2.26 按"章"分部整理结果

此外,还可以对子目进行排序,单击工具栏中的"整理子目"→"子目排序",在弹出的对话框中选择"子目排序",单击"确定"按钮,软件自动将同一分部内的子目按以下规则进行排序:

a.按当前子目→借用子目→补充子目顺序排序;

b.对当前子目按章节顺序排序;

c.对相同子目按输入的先后顺序排序;

d.对未指定专业章节的补充子目按输入编码排序。

(3)概算分部分项工程定额子目的补充[*]

对已经导入并整理完成的相应分部分项工程,若还需要补充额外的分部分项定额子目,软件允许用户在工作区手动自行补充。例如,需要在"土石方工程"中补充表 2.5 所示定额子目。

表 2.5 "场地回填 灰土 3 : 7"分项工程量表

定额编码	定额名称	计量单位	定额工程量
1-39	场地回填 灰土 3 : 7	m³	436

---

[*] 本内容为练习内容,非案例工程定额子目,主要针对该操作的练习使用,用户练习完毕后请将所补充的定额子目删除,以免影响最终概算造价。

具体操作如下:

①在工作区左侧选择"土石方工程",在工作区右侧单击该章中的任何一个定额子目,单击鼠标右键,在弹出的菜单中选择"插入子目",软件会在所选子目下面自动插入一个子目行,如图 2.27 所示。

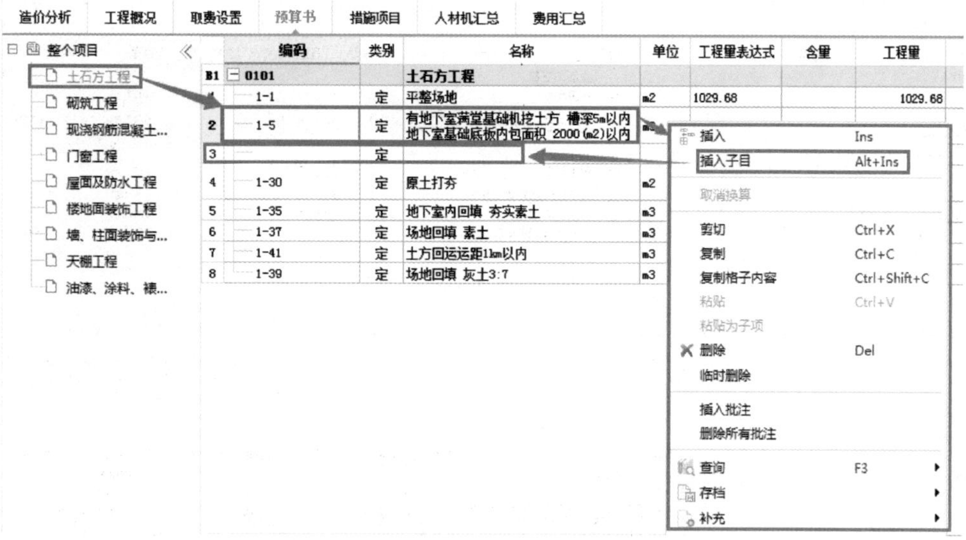

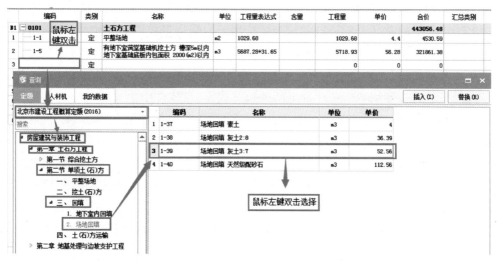

图 2.27　插入子目行

②在所插入的空白子目行中,鼠标左键双击"编码"栏,软件会自动弹出"查询"对话框。在"查询"对话框中依次选择"北京市建设工程概算定额(2016)"→"房屋建筑与装饰工程"→"第一章　土石方工程"→"第二节　单项土(石)方"→"三、回填"→"2.场地回填",在右侧的定额选择区鼠标左键双击选择"1-39　场地回填 灰土 3∶7",即可将该定额项添加到空白子目行,如图 2.28 所示。

图 2.28　定额子目的选择

【注意】

如本例中已知需要补充的定额子目编码,用户可以直接在所插入的空白子目行中,鼠标左键单击"编码"栏,然后输入定额子目编码,回车后即可添加相应定额子目,如图2.29所示,这样便省去了查询定额库的烦琐步骤。

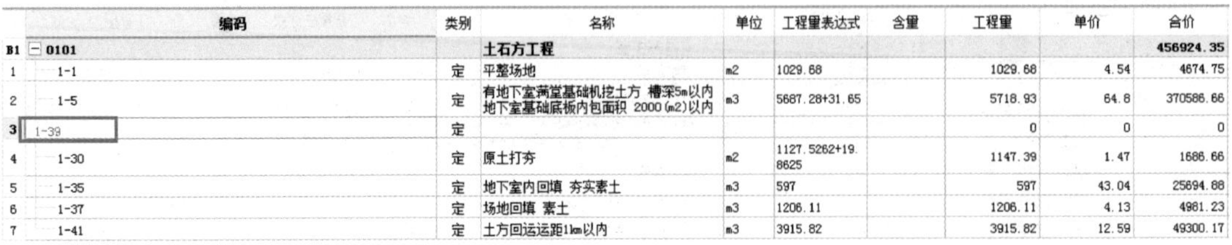

	编码	类别	名称	单位	工程量表达式	含量	工程量	单价	合价
B1	− 0101		土石方工程						456924.35
1	1-1	定	平整场地	m2	1029.68		1029.68	4.54	4674.75
2	1-5	定	有地下室满堂基础机挖土方 槽深5m以内 地下室基础底板内包面积 2000 (m2)以内	m3	5687.28+31.65		5718.93	64.8	370586.66
3	1-39	定					0	0	0
4	1-30	定	原土打夯	m2	1127.5262+19.8625		1147.39	1.47	1686.66
5	1-35	定	地下室内回填 夯实素土	m3	597		597	43.04	25694.88
6	1-37	定	场地回填 素土	m3	1206.11		1206.11	4.13	4981.23
7	1-41	定	土方回运运距1km以内	m3	3915.82		3915.82	12.59	49300.17

图2.29 直接输入定额子目编码

③添加了相应的定额子目后,鼠标左键双击该子目的"工程量表达式"或者"工程量"栏,输入该子目的定额工程量表达式或者定额工程量,即可完成该子目的定额工程量的输入,如图2.30所示。

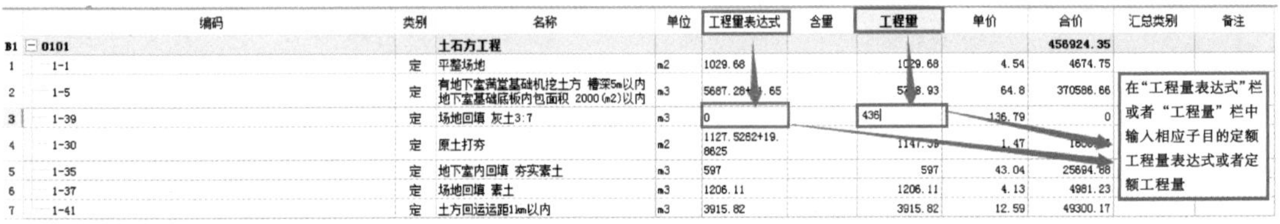

	编码	类别	名称	单位	工程量表达式	含量	工程量	单价	合价	汇总类别	备注
B1	− 0101		土石方工程						456924.35		
1	1-1	定	平整场地	m2	1029.68		1029.68	4.54	4674.75		
2	1-5	定	有地下室满堂基础机挖土方 槽深5m以内 地下室基础底板内包面积 2000 (m2)以内	m3	5687.28+31.65		5718.93	64.8	370586.66		在"工程量表达式"栏或者"工程量"栏中输入相应子目的定额工程量表达式或者定额工程量
3	1-39	定	场地回填 灰土3:7	m3	0		436	136.79			
4	1-30	定	原土打夯	m2	1127.5262+19.8625		1147.39	1.47	1686.66		
5	1-35	定	地下室内回填 夯实素土	m3	597		597	43.04	25694.88		
6	1-37	定	场地回填 素土	m3	1206.11		1206.11	4.13	4981.23		
7	1-41	定	土方回运运距1km以内	m3	3915.82		3915.82	12.59	49300.17		

图2.30 定额子目工程量的输入

定额子目补充完成后,单击工具栏中的"整理子目"→"子目排序",可对定额子目重新排序。

(4)概算定额子目的标准换算

定额子目的标准换算,其实质就是用户按照实际工程的特点,结合定额规定的定额换算范围、内容和方法,对某些定额子目的定额单价按照定额计量规则的要求,在特定情况下进行合规的人为调整。一般情况下,定额单价的标准换算主要包括:砂浆、混凝土强度等级的改变进而调整单价,以及特定情况下对人、材、机消耗量的系数调整进而调整单价。

GCCP5.0软件按照用户所选计价定额的换算规定,在软件中内置了定额标准换算操作命令。其具体操作是:选择需要进行换算的定额子目,在工作区下方单击"标准换算",在"标准换算"界面选择需要换算的内容。

例如,2016年《北京市建设工程计价依据——概算定额》分册《房屋建筑与装饰工程概算定额》中,"4-4 砖砌体 外墙 厚度365 mm"的定额及其人、材、机消耗量信息如图2.31所示,定额中规定砂浆为"商品砌筑砂浆 DM5.0-HR"。而实际工程中,本定额子目所采用的砂浆为"混合砂浆 M5",则按照定额的规定,需要在软件中进行标准换算,换算步骤如图2.32所示。

进行标准换算后的定额及其人、材、机消耗量信息如图2.33所示。

	编码		类别	名称	单位	工程量表达式	含量	工程量	单价
B1	−	0104		砌筑工程					
1	4-4		定	砖砌体 外墙 厚度365mm	m2	1.51		1.51	271
2	4-8 H400054 810067		换	砖砌体 女儿墙240mm厚 换为【混合砂浆 M5】	m2	112		112	242

工料机显示　单价构成　标准换算　换算信息　安装费用　工程量明细　说明信息

	编码	类别	名称	规格及型号	单位	损耗率	含量	数量	定额价	市场价	合价	是否暂估	锁定数量	是否计价	原始含量
1	870001	人	综合工日		工日		0.121	0.1827	96	97	17.72			✓	0.121
2	870002	人	综合工日		工日		0.643	0.9709	96	97	94.18			✓	0.643
3	010001	材	钢筋	φ10以内	kg		2.2673	3.4236	2.62	3.9	13.35			✓	2.2673
4	010002	材	钢筋	φ10以外	kg		3.5855	5.4141	2.48	3.9	21.11			✓	3.5855
5	030001	材	板方材		m3		0.0026	0.0039	2077	2077	8.1			✓	0.0026
6	040207	材	烧结标准砖		块		139.4···	210.6035	0.5	0.5	105.3			✓	139.4725
7	400009	商砼	预拌混凝土	C30	m3		0.0956	0.1444	349.51	446.6	64.49			✓	0.0956
8	400054	商浆	砌筑砂浆	DM5.0-HR	m3		0.0724	0.1093	388.89	581.23	63.53			✓	0.0724
9	810238	材	同混凝土等级砂浆	(综合)	m3		0.0019	0.0029	438.97	438.97	1.27			✓	0.0019
10	830075	材	复合木模板费		m2		0.0806	0.1217	27.1	27.1	3.3			✓	0.0806
11	840027	材	摊销材料费		元		2.24	3.3824	1	1	3.38			✓	2.24
12	840028	材	租赁材料费		元		2.56	3.8656	1	1	3.87			✓	2.56
13	100321	材	柴油		kg		0.0582	0.0879	5.41	6.01	0.53			✓	0.0582
14	840004	材	其他材料费		元		2.54	3.8354	1	1	3.84			✓	2.54
15	800102	机	汽车起重机	16t	台班		0.0008	0.0012	811.97	811.97	0.97			✓	0.0008
16	840023	机	其他机具费	⋯	元		3.31	4.9981	1	1	5			✓	3.31

图 2.31　定额及其人、材、机消耗量信息

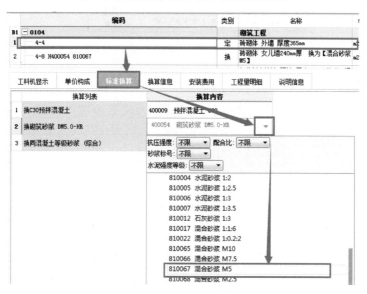

图 2.32　定额子目人、材、机的标准换算

	编码		类别	名称	单位	工程量表达式	含量	工程量	单
B1	−	0104		砌筑工程					
1	4-4 H400054 810067		换	砖砌体 外墙 厚度365mm 换为【混合砂浆 M5】	m2	1.51		1.51	
2	4-8 H400054 810067		换	砖砌体 女儿墙240mm厚 换为【混合砂浆	m2	112		112	

工料机显示　单价构成　标准换算　换算信息　安装费用　工程量明细　说明信息

	编码	类别	名称	规格及型号	单位	损耗率	含量	数量	定额价	市场价	合价	是否暂估	锁定数量	是否计价	原始含
1	870001	人	综合工日		工日		0.121	0.1827	96	97	17.72			✓	0.1
2	870002	人	综合工日		工日		0.643	0.9709	96	97	94.18			✓	0.6
3	C00003	材	混凝土		m3		0.0959	0.1448	0	427.2	61.86			✓	0.09
4	C00004	材	砌体		m3		0.2605	0.3934	0	202.6	79.7			✓	0.26
5	010001	材	钢筋	φ10以内	kg		2.2673	3.4236	2.62	3.9	13.35			✓	2.28
6	010002	材	钢筋	φ10以外	kg		3.5855	5.4141	2.48	3.9	21.11			✓	3.58
7	030001	材	板方材		m3		0.0026	0.0039	2077	2077	8.1			✓	0.00
8	040207	材	烧结标准砖		块		139.4···	210.6035	0.5	0.5	105.3			✓	139.47
9	400009	商砼	预拌混凝土	C30	m3		0.0956	0.1444	349.51	446.6	64.49			✓	0.09
10	810067	材	混合砂浆	M5	m3		0.0724	0.1093	198.45	581.23	63.53			✓	0.17
11	810238	材	同混凝土等级砂浆	(综合)	m3		0.0019	0.0029	438.97	438.97	1.27			✓	0.00

图 2.33　标准换算后的定额及其人、材、机消耗量信息

经过标准换算后,软件中原定额子目在定额"编码""类别""名称"中均会体现出变换信息,如图 2.34 所示。"4-4 H400054 810067",表示将定额中原 400054 号材料(商品砌筑砂浆 DM5.0-HR)换算为 810067 号材料(混合砂浆 M5);"类别"中将原来的"定"变化为"换",表示该定额子目经过了换算;"名称"中体现了具体的换算信息。

图 2.34　标准换算信息在定额子目中的显示

定额换算后,具体的换算信息也可以通过单击"换算信息"查看,如图 2.35 所示。

图 2.35　换算信息的查看

【注意】
　　软件提供的标准换算完全是依据用户所选择的定额的规则设置,如果用户单击某定额子目进行标准换算时,标准换算栏中无换算信息,则说明该定额子目的定额规则不允许换算。

(5)概算项目的批量换算 *

为了满足某些特定情况下概算编制的需要,需要对定额人、材、机消耗量进行强制调整时,可以使用软件提供的"批量换算"来完成。具体做法是:选中需要调整的章的编码(如只需调整本章中的某一定额子目,则可直接选中需要调整的定额子目)→单击工具栏中的"其他"→选择"批量换算"→在弹出的"批量换算"对话框中输入人、材、机需要调整的系数→单击"确定"按钮,即可完成某定额子目或者章的人、材、机系数的批量换算。例如,需要将"门窗工程"中的人工系数统一上调1.3,做法如图 2.36 所示。

3)编制措施项目概算

按照 2016 年《北京市建设工程计价依据——概算定额》的相关规定,以建筑与装饰工程为例,所涉及的措施项目包括技术措施项目和组织措施项目两类。

(1)技术措施项目

技术措施项目又称为单价措施项目、定额措施项目,在 GCCP5.0 软件中以"措施费 2"体现,是指根据工程设计图纸和用户采用的概算定额中有明确工程量计算规则,可以计算相应措施项目的概算定额工程量,进而套取相应项目的概算定额基价进行价款计算的措施项目。

---

* 本内容为练习内容,非案例工程子目,主要针对该操作的练习使用,用户练习完毕后请将所换算的信息删除,以免影响最终概算造价。

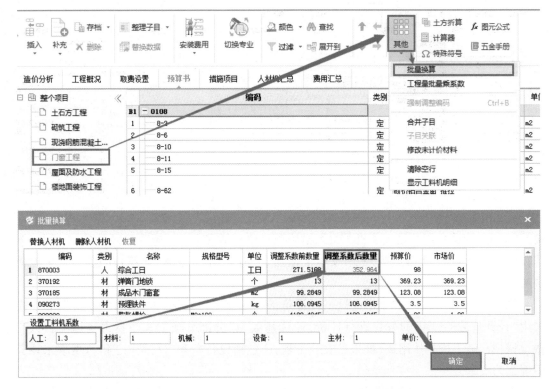

图 2.36　批量换算的操作方法

　　例如,2016 年《北京市建设工程计价依据——概算定额》分册《房屋建筑与装饰工程概算定额》中包含的技术措施项目包括脚手架工程、混凝土模板及支架(撑)工程、垂直运输、超高施工增加、大型机械设备进出场及安拆和施工排水、降水工程项目。GCCP5.0 软件将这些措施项目明确列出,如图 2.37 所示。各子目的计价方式与分部分项工程定额子目一致,这里不再赘述。

　　(2)组织措施项目

　　组织措施项目又称为总价措施项目,在 GCCP5.0 软件中以"措施费 1"体现,是指在现行的国家、地区工程量计算规定中无工程量计算规则,在概算计价中以"计算基数×费率"以及

造价分析　工程概况　取费设置　预算书　措施项目　人材机汇总　费用汇总

	序号	类别	名称	单位	计算基数	费率(%)	工程量	单价	合价	取费专业
			措施项目						1005726.96	
	一		措施费1						600737.46	
	二		措施费2						404989.5	
12	1		脚手架工程	项			1	102694.78	102694.78	
	17-10	定	脚手架工程 ±0.000以下工程有地下室 层数 4层 建筑面积10000m2以内	m2			4745.6	21.64	102694.78	建筑与装饰工程
13	2		混凝土模板及支架（撑）工程	项			1	0	0	
14	3		垂直运输	项			1	302294.72	302294.72	
	17-134	定	垂直运输 6层以下 现浇框架结构 首层建筑面积1200m2以内	m2			4745.6	63.7	302294.72	建筑与装饰工程
15	4		超高施工增加	项			1	0	0	
		定					0	0	0	建筑与装饰…
16	5		大型机械设备进出场及安拆	项			1	0	0	
		定					0	0	0	建筑与装饰…
17	6		施工排水、降水工程	项			1	0	0	
		定					0	0	0	建筑与装饰…

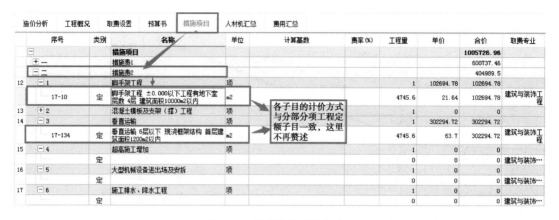

图 2.37　技术措施费的操作

按照“总价”计算费用的措施项目。组织措施项目费包括安全文明施工费,夜间施工增加费,非夜间施工照明,二次搬运费,冬雨季施工增加费,地上、地下设施、建筑物的临时保护设施费和已完工程及设备保护费等。

例如,按照 2016 年《北京市建设工程计价依据——概算定额》的规定,安全文明施工费采用“计算基数×费率”的方式进行计价,计算基数为“分部分项工程与技术措施项目人工费、材料费、施工机具使用费(如果是安装工程,还包括设备费和主材费)之和”,费率采用其中规定的费率。

软件依据用户选择的专业和工程设置,结合地区计价标准自动取定该费用的计算基数和费率,一般无须手动设置,用户在完成分部分项工程和技术措施项目概算计价后,软件会自动计算安全文明施工费,如图 2.38 所示。

造价分析　工程概况　取费设置　预算书　措施项目　人材机汇总　费用汇总

	序号	类别	名称	单位	计算基数	费率(%)	工程量	单价	合价	取费专业	汇总类别	措施类别	备注
			措施项目						1005726.96				
	一		措施费1						600737.46				
1	1		安全文明施工费	项			1	588237.46	588237.46			安全文明施工费	
2	1.1		环境保护	项	ZJF+ZCF+SBF+JSCS_ZJF+JSCS_ZCF+JSCS_SBF	1.23	1	130601.46	130601.46			环境保护	
3	1.2		文明施工	项	ZJF+ZCF+SBF+JSCS_ZJF+JSCS_ZCF+JSCS_SBF	0.69	1	73264.23	73264.23			文明施工	
4	1.3		安全施工	项	ZJF+ZCF+SBF+JSCS_ZJF+JSCS_ZCF+JSCS_SBF	1.33	1	141219.46	141219.46			安全施工	
5	1.4		临时设施	项	ZJF+ZCF+SBF+JSCS_ZJF+JSCS_ZCF+JSCS_SBF	2.29	1	243152.31	243152.31			临时设施	
6	2		夜间施工增加费	项			1	0	0			夜间施工费	

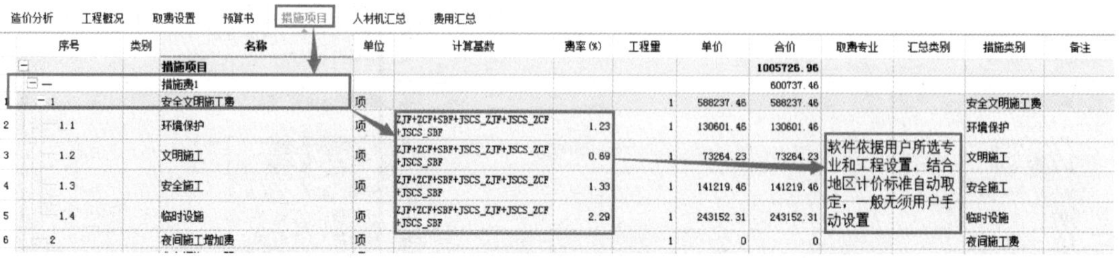

图 2.38　安全文明施工费的操作

如果特殊情况下需要改动计算基数或者费率,可以双击相应的计算基数代码或者费率栏,进行代码、费率的选择和编辑。

对于夜间施工增加费,非夜间施工照明,二次搬运费,冬雨季施工增加费,地上、地下设施、建筑物的临时保护设施费和已完工程及设备保护费等组织措施项目费,参照北京市“京建法〔2013〕7 号”文件规定,编制概算时应考虑现场的场地情况、工期等因素,根据发包方要求并结合工程现场实际情况编制常规施工方案,所增加的费用以总价方式直接计入概算中。因此,这些费用在软件中的处理流程是:按照常规施工方案估算出相应措施项目的概算总价,将估算后的总价直接填入相应项目的“计算基数”中即可。例如,按照常规施工方案经过计算,工程需要支出总价为 12 500 元的二次搬运费,直接双击二次搬运费的“计算基数”栏,将总价 12 500 元填入,软件自动默认出该项目的总价,如图 2.39 所示。

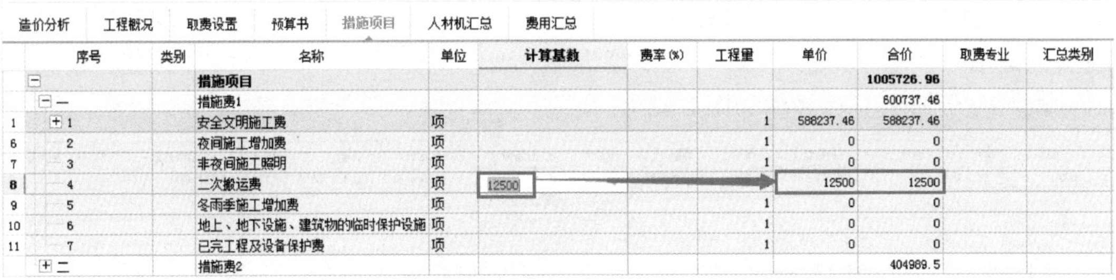

图 2.39　其他组织措施项目费的操作

4) 概算人、材、机汇总及价差调整

（1）人、材、机汇总界面显示

在完成分部分项工程和措施项目的概算计价后，按照概算定额计价的程序，需要对分部分项工程和技术措施项目中的人、材、机的价差进行调整。在 GCCP5.0 软件"人材机汇总"界面，软件自动将相应单位工程中的分部分项工程和技术措施项目所消耗的人、材、机相关信息进行分类汇总，方便用户进行人、材、机相关信息的查看及价差的调整，如图 2.40 所示。

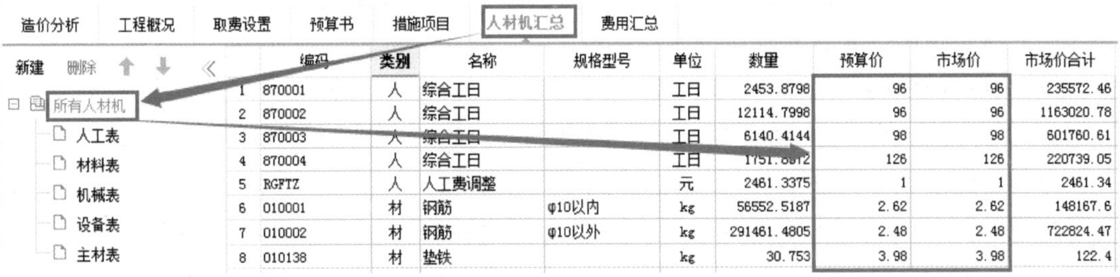

图 2.40　单位工程中的"人材机汇总"显示

单击"人材机汇总"，再单击左侧的"所有人材机"，软件会显示工程消耗的所有人、材、机的相应信息，如图 2.40 所示。此外，分别单击"人工表""材料表""机械表""设备表"和"主材表"，软件会自动汇总相应的人、材、机信息。

表中反映的"数量"是指该人、材、机在本工程中的全部消耗量合计值；"预算价"是指该人、材、机在概算定额中的定额基价；"市场价"是指该人、材、机在目前概算编制时的市场价格，在没有调价之前，软件默认市场价与预算价相等；"市场价合计"是指该人、材、机的"数量"与"市场价"的乘积。

另外，软件还提供了材料产地、厂家、品牌、送达地点、质量等级、供货时间等信息标识，用户可以按照需要输入相应的材料信息，如图 2.41 所示。

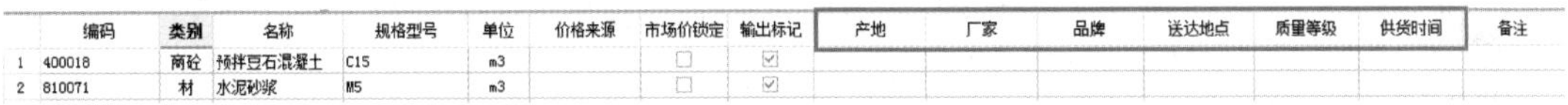

图 2.41　材料的其他信息

（2）概算人、材、机的价差调整

GCCP5.0 软件提供的概算人、材、机价差的调整方法包括直接输入市场价调整、载价调整和调整市场价系数 3 种。

①直接输入市场价调整。直接输入市场价是指用户选中需要调整价差的人、材、机，在"市场价"栏中直接输入相应的市场价格，软件即可自动计算该人、材、机的市场价合计、价差

以及价差合计,并在"价格来源"栏注明"自行询价"。此时,"市场价"栏中该项数据会变为红色,提醒用户该项单价已经修改,与预算价不一致。例如,用户将"φ10 以内钢筋"的市场价修改为 3.9 元/kg,具体操作如图 2.42 所示。

	编码	类别	名称	规格型号	单位	数量	预算价	市场价	市场价合计	价差	价差合计	价格来源	市场价锁定	输出标记
1	010001	材	钢筋	φ10以内	kg	56552.5187	2.62	3.9	220554.62	1.28	72387.22	自行询价	□	☑

图 2.42　直接输入市场价

以材料为例,这种调整市场价的方法需要对相应材料的市场价逐个进行调整,并且材料价格来源由用户自行确定。因此,需要用户花费大量精力与时间做相应材料的市场价调查,调整过程也比较烦琐枯燥,容易漏项。所以,这种调整方法仅适用于对个别无法确定信息价或者市场指导价的主要材料进行价差调整。

②载价调整。载价是指将相应的价格文件载入软件中,软件依据所载入价格文件中的相应人、材、机的名称、规格等信息,自动与概算工程项目中的人、材、机信息进行匹配,进而自动载入市场价格,计算价差。

与早期版本的广联达计价软件相比,GCCP5.0 软件在人、材、机价差调整方面有了重大革新,主要是采用"批量载价"功能与"广材助手"云数据进行无缝对接,借助"广材助手"中相应地区的历年历季度的信息价以及多达 900 类、超过 36 万供应商 2 300 多万条的市场材料价格,加之科学测算的专业测定价,已经覆盖了 99% 的定额材料,可以实现一键载价、比价和组价,完美解决了材料来源少、组价效率低的问题,大大提高了用户的工作效率。

以材料为例,"广材助手"对材料询价提供了信息价、市场价和专业测定价 3 种价格模式。其中,信息价是指地区造价主管部门定期发布的材料信息指导价格;市场价是指"广材助手"收集的材料供应商发布的相应材料的市场价格;专业测定价是指"广材助手"对从多方渠道获取的常用建筑材料的价格,通过综合对比、加权平均、专家复核等步骤进行标准化处理后推荐的材料参考价格,这种参考价格不包括材料的采购及保管费。

一般情况下,概算中人、材、机价差调整应采用信息价。具体操作步骤为:鼠标左键单击"载价"按钮→选择"批量载价"→在弹出的对话框中勾选"信息价"→选择需要载入信息价的期数→单击"下一步"按钮,如图 2.43 所示。

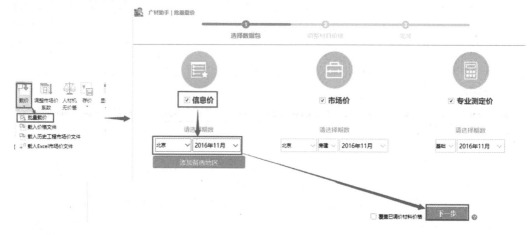

图 2.43　批量载价

【注意】

　　需要注意两点：一是若某一期的信息价不完整，可以添加备选地区信息价进行补充和完善，软件允许用户选择两个备选地区信息价；二是配合比材料、市场价锁定材料、单位为"元"的其他材料费不能进行载价。

　　在弹出的"广材助手|批量载价"对话框中，用户选择需要载入信息价的待载类型，一般情况下概算可以选择全部类型载入，如图 2.44 所示。

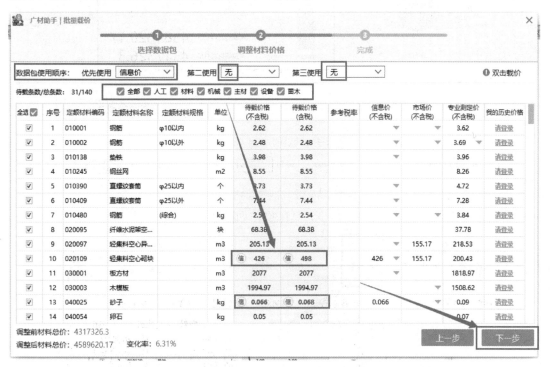

图 2.44　载价后的选择及价格变化显示

【注意】

　　人、材、机的"待载价格"在对话框中用红色字体显示，分为含税价格和不含税价格，价格前用"信"表示该价格来自信息价。按照建筑行业现行的"营改增"计价规定，软件自动将含税价格换算为不含税价格，实际计算价差时采用不含税价格计算。

　　载入价格后，软件会自动按照所载入的信息价计算价格影响，如图 2.45 所示。单击"完成"按钮即可完成概算下对价差的计算调整，此时人、材、机"市场价"栏会自动采用信息价，以红色字体显示；在"价格来源"栏，会说明所采用的信息价信息，如图 2.46 所示。

　　③调整市场价系数。对于二类辅助材料，在进行价差调整时往往采用系数法调差，即在材料定额基价的基础上乘以造价主管部门发布的调整系数进行价差调整。这种系数法调差可以通过 GCCP5.0 软件中的"调整市场价系数"进行，具体操作步骤是：选择需要进行系数法调差的二类辅助材料→单击工具栏中的"调整市场价系数"→在弹出的"设置系数"对话框中输入调整系数→单击"确定"按钮，即可完成对所选材料的调差。例如，若将"电焊条"

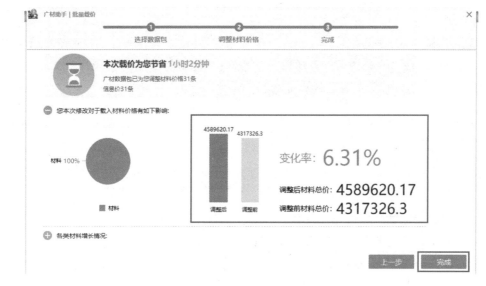

图 2.45　载价后的价格影响

| 10 | 020109 | 材 | 轻集料空心砌块 | m3 | 325.8344 | 188.03 | 426 | 138805.45 | 237.97 | 77538.81 | 北京信息价
(2016年11月) | □ | ☑ |

图 2.46　载价后的价格显示

材料价格在定额基价的基础上上调 1.35,具体操作如图 2.47 所示。*

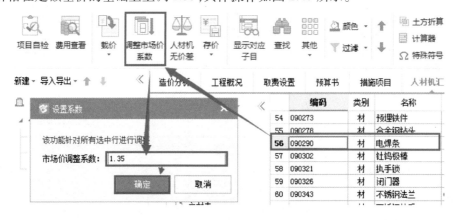

图 2.47　调整市场价系数

　　如果要一次调整多个材料系数,可以采用"Ctrl+鼠标左键单击选择或者框选"的方法,一次选择多个材料进行系数法调差。

　　(3)其他功能

　　载入市场价之后,若载入有误,用户可以采用软件内置的"人材机无价差"功能进行价差还原。操作方法是:单击工具栏中的"人材机无价差"或者单击鼠标右键,在弹出的菜单中选择"人材机无价差"进行还原,如图 2.48 所示。

---

* 本内容为练习内容,非案例工程子目,主要针对该操作的练习使用,用户练习完毕后请将所调整的信息删除,以免影响最终概算造价。

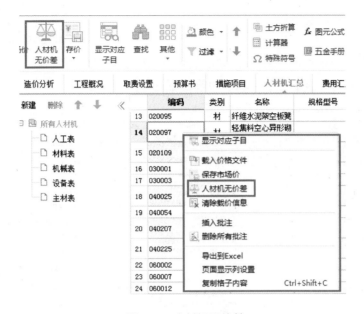

图 2.48　人材机无价差

此外,软件还提供了材料对应相应定额子目的功能。如果用户需要明确某种材料属于哪些实体项目的消耗,可以选择该材料,单击鼠标右键,在弹出的菜单中选择"显示对应子目"即可;同时,还可以在弹出的对话框中鼠标左键双击相应子目,软件会自动定位到该定额子目下,以方便用户的审查和修改,如图 2.49 所示。

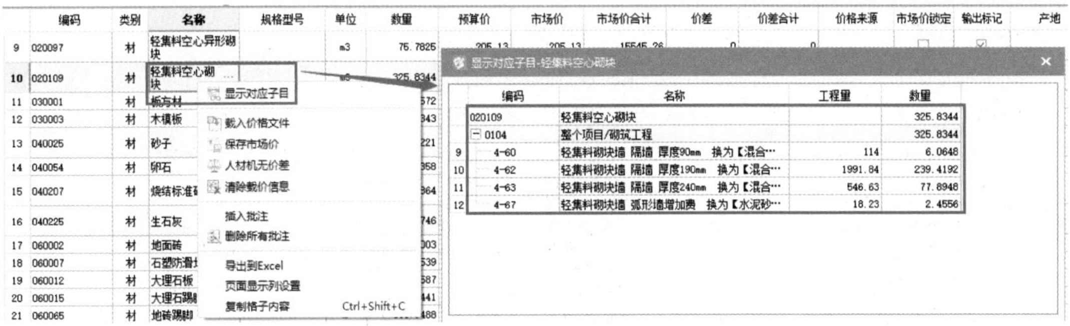

图 2.49　显示材料所对应的定额子目

5) 单位工程概算建筑安装工程费的计算与汇总

按照概算定额计价的流程,完成人、材、机价差调整之后,还需要计算企业管理费、利润、规费和税金,并汇总该单位工程的建筑安装工程费。

按照 2016 年《北京市建设工程计价依据——概算定额》中的"房屋建筑与装饰工程费用标准"的规定,企业管理费、利润、规费和税金均以"计算基数×费率"的方式进行计算。因此,GCCP5.0 软件将这些费用与单位工程建筑安装工程费的汇总计算,在"费用汇总"工作界面下合并进行。

具体做法是:在单位工程界面,将工作区切换至"费用汇总"界面,软件会根据用户在新建单位工程时选择的该单位工程的专业以及已经完成的取费设置,自动显示该专业单位工程建筑安装工程费的计算模板,如图 2.50 所示。由于该计算模板与企业管理费、利润、规费和税金的取费费率在新建单位工程时已经完成设置,软件会自动套取建筑安装工程费的模板并确定相关费用的费率。为了防止在新建单位工程时出现错误的设置,建议用户复核自动套用的正确性。如果建筑安装工程费的计算模板有误,可以单击工具栏中的"载入模板",在弹出的对话框中选择合适专业的取费模板即可,如图 2.51 所示。

	序号	费用代号	名称	计算基数	基数说明	费率(%)	金额	费用类别	备注	输出
1	1	A	人工费+材料费+施工机具使用费	ZJF+ZCF+SBF+CSXMDHJ+JSCS_ZCF+JSCS_SBF	直接费+主材费+设备费+措施项目合计+技术措施项目主材费+技术措施项目设备费		10,958,748.93	直接费		☑
2	1.1	A1	其中:人工费	RGF+JSCS_RGF+ZZCS_RGF	人工费+技术措施项目人工费+组织措施人工费		2,396,457.47			☑
3	1.2	A2	其他材料费+其他机具费	QTCLF+QTJXF	其他材料费+其他机械费		194,732.01			☑
4	1.3	A3	设备费	SBF+JSCS_SBF	设备费+技术措施项目设备费		0.00	设备费		☑
5	2	B	调整费用	A2	其他材料费+其他机具费	0	0.00			☑
6	3	C	零星工程费	A+B	人工费+材料费+施工机具使用费+调整费用	0	0.00	零星工程费		☑
7	4	D	企业管理费	A + B + C	人工费+材料费+施工机具使用费+调整费用+零星工程费	8.88	973,136.90	企业管理费	按不同工程类别、不同档次取不同的费率	☑
8	5	E	利润	A + B + C + D	人工费+材料费+施工机具使用费+调整费用+零星工程费+企业管理费	7	835,232.01	利润		☑
9	6	F	规费	F1 + F2	社会保险费+住房公积金费		485,282.64	规费		☑
10	6.1	F1	社会保险费	A1	其中:人工费	14.76	353,717.12	社会保险费	社会保险费包括:基本医疗保险基金、基本养老保险费、失业保险基金、工伤保险金、残疾人就业保障金、生育保险。	☑
11	6.2	F2	住房公积金费	A1	其中:人工费	5.49	131,565.52	住房公积金费		☑
12	7	G	税金	A + B + C + D + E + F	人工费+材料费+施工机具使用费+调整费用+零星工程费+企业管理费+利润+规费	11	1,457,764.05	税金		☑
13			工程造价	A + B + C + D + E + F + G	人工费+材料费+施工机具使用费+调整费用+零星工程费+企业管理费+利润+规费+税金		14,710,164.53	工程造价		☑

图 2.50　单位工程下的概算"费用汇总"

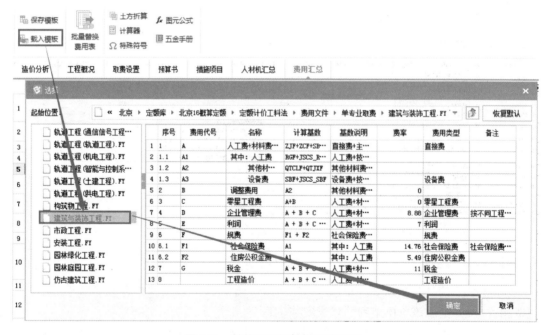

图 2.51　单位工程概算模板的选择

　　需要说明的是,以"建筑与装饰工程"为例,用户在"费用汇总"界面,还需要根据地区造价主管部门的规定考虑计取"调整费用"和"零星工程费"的取费费率。如需计算这两项费用,可以在相应费用的"费率"栏中直接输入费率即可。除此之外,一般情况下用户不应擅自修改单位工程建筑安装工程费计算模板中的其他费用的名称、计算基数和费率等信息。

2.3.3 场景三：确定建设项目的设备购置费

按照《建设项目经济评价方法与参数》(第三版)的规定，建设投资中的工程费用除了建设项目中各单项工程的建筑安装工程费外，还需要计算设备及工器具购置费(在 GCCP5.0 软件中体现为“设备购置费”)。

利用 GCCP5.0 软件可以快速实现建设项目设备购置费的计算与汇总，并形成建设项目固定资产总投资的重要组成部分。按照国家对设备购置费的规定，结合发包人对建设项目设备购置的实际需求，软件将设备购置费分为国内采购设备和国外采购设备两种类型。在“广联达建设项目”界面下进行建设项目设备购置费的计算，如图 2.52 所示。

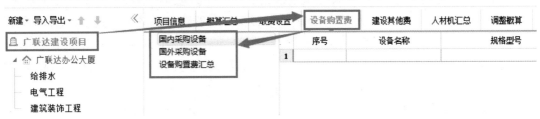

图 2.52　设备购置费的操作界面

1) 国内采购设备购置费的计算

国内采购设备是指项目所有人在设备采购过程中，面向国内供应商采购的国产设备。国内采购设备购置费主要由设备原价(出厂价、供应价、交货价等)和设备运杂费构成。

用户在计取国内采购设备购置费时，操作流程为：在“广联达建设项目”界面下，单击“设备购置费”→“国内采购设备”，在工作区填写采购设备的相关信息，软件即可根据用户输入的相关设备信息计算国内采购设备的采购价格。

【注意】

国产设备购置费的计算需要区分设备的交货方式，如果是在厂家指定地点交货(如在生产厂家厂部或者销售点)，则计算购置费时需要在软件中输入该设备的运杂费费率，软件会自动计算设备运杂费(如费率按 5%计算)；如果厂家将设备运至买方指定地点交货，则国产设备的原价中已经包含了运杂费，此时不应再在软件中输入运杂费费率，国产设备购置费与设备原价相等。

案例工程中，广联达办公大厦项目需要向国内 A 厂家采购全自动消毒洗碗机一台，型号 HXD-1，产品售价 2.5 万元人民币一台，厂家负责安装，但是需要去厂家仓库提货；该项目还需要向国内 B 公司采购 AR 系统一套，全套系统售价 35 万元人民币，由厂家负责送货并安装、调试，则这两套设备的购置费计算如图 2.53 所示。

序号	设备名称	规格型号	计量单位	数量	出厂价	运杂费率(%)	市场价	市场价合计	产地	备注
1	全自动消毒洗碗机	HXD-1	台	1	25000	5	26250	26250		国内设备运杂费率5%
2	AR增强现实系统		套	1	350000		350000	350000		国内设备运杂费率5%

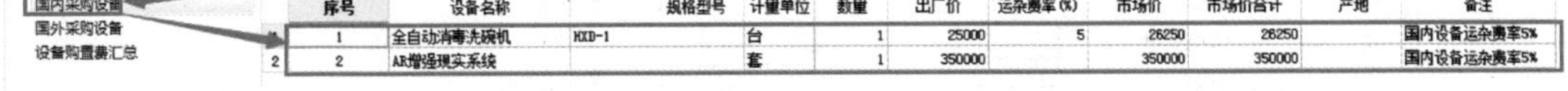

图 2.53　国内采购设备购置费的计算

2) 国外采购设备购置费的计算

国外采购设备是指项目所有人在设备采购过程中，面向国外供应商采购的进口设备。我国目前大多采用FOB交易价格采购国外进口设备，因此国外采购设备购置费主要包括进口设备的到岸价（包括FOB离岸价、国际运费、运输保险费）、进口从属费（包括银行财务费、外贸手续费、关税和进口环节增值税）以及国内运杂费。其中，进口设备的到岸价与进口从属费构成了设备抵岸价，也就是进口设备的原价。

由于国外采购设备购置费的计算内容较多，需要分别计算上述各项费用，所以GCCP5.0软件提供了“进口设备单价计算器”，以方便用户快速完成进口设备购置费的计算。

案例工程中，广联达办公大厦项目需要从某国进口一套建筑物温控节能中央控制系统，型号GTCS170，离岸价（FOB价）为4万美元，假设国际运费费率为10%、海上运输保险费率为0.3%、银行财务费率为0.5%、外贸手续费率为1.5%、关税税率为22%、增值税税率为17%、银行外汇牌价为1美元=6.61元人民币、国内设备运杂费费率为3%，则利用GCCP5.0软件进行进口设备购置费计算的操作流程为：

第1步：单击“设备购置费”→“国外采购设备”，在工作区填写采购设备的相关信息（序号、编码、采购设备名称、规格型号、单位、数量和离岸价），单击工具栏中的“进口设备单价计算器”，如图2.54所示。

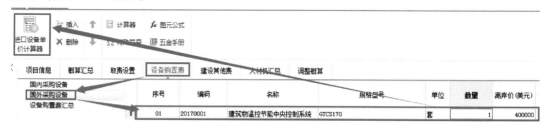

图2.54 国外采购设备购置费的输入

第2步：在弹出的“进口设备单价计算器”对话框中，按照进口设备的取费要求填写相关计算信息，即可计算该进口设备的购置费，如图2.55所示。

进口设备单价计算器

序号	费用代号	费用名称	取费基数	费率(%)	金额(元)	费用类别
1	FOB	离岸价（美元）	40000	100	40000	离岸价
	FOB1	离岸价（人民币）	FOB	100	264400	人民币
2	GJYF	运输费（美元）	FOB	10	4000	其他
3	BXF	保险费（美元）	FOB + GJYF	0.3	132.4	价内费
4	QTF1	其他费用（美元）	FOB + GJYF + BXF	0	0	其他
5	CIF	外币金额（美元）	FOB + GJYF + BXF + QTF1	100	44132.4	美元
6	CNY	折合人民币	CIF	100	291715.16	人民币
7	GS	关税	CNY	22	64177.34	其他
8	ZZS	增值税	CNY+GS	17	60501.73	其他
9	YHCWF	银行财务费	FOB1	0.5	1322	其他
10	WMSXF	外贸手续费	CNY	1.5	4375.73	其他
11	LP	抵岸价	CNY + GS + ZZS + YHCWF···	100	422091.96	其他
12	GNYF	国内运杂费	LP	3	12662.76	其他
13		设备单价	LP + GNYF	100	434754.72	设备单价

(美元 ⇌ 人民币)汇率：6.61　　计算　　取消

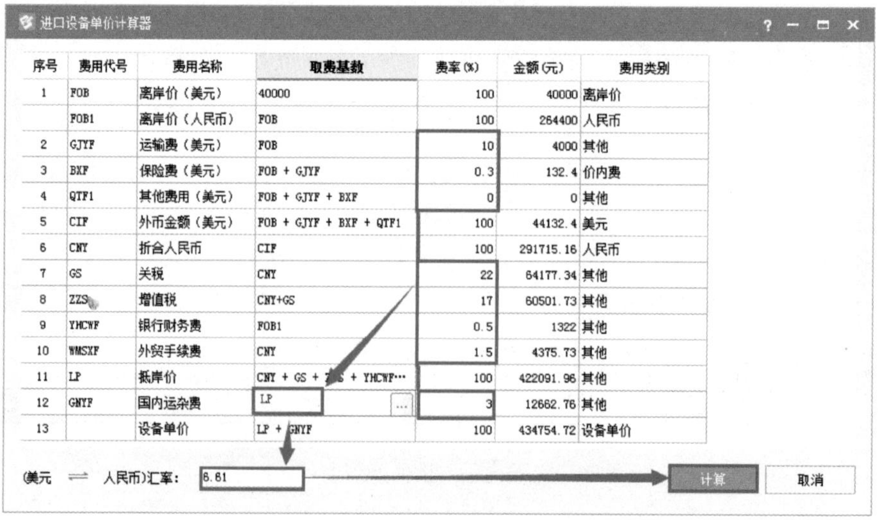

图2.55 进口设备单价计算器

计算完成的进口设备购置费,如图 2.56 所示。

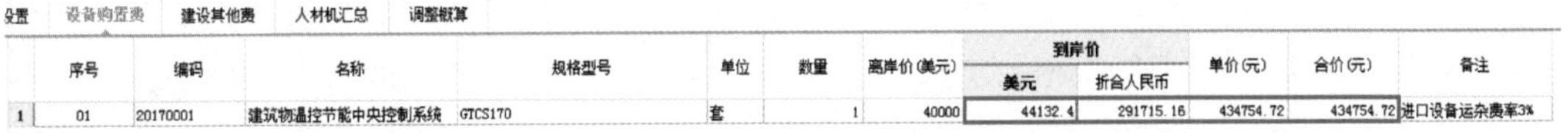

序号	编码	名称	规格型号	单位	数量	离岸价(美元)	到岸价 美元	到岸价 折合人民币	单价(元)	合价(元)	备注
1	01	20170001	建筑物温控节能中央控制系统 GTCS170	套	1	40000	44132.4	291715.16	434754.72	434754.72	进口设备运杂费率3%

图 2.56 国外采购设备购置费的确定

【注意】

需要注意的是:首先,进口设备单价计算器中的"离岸价"取费基数,软件直接默认为在工作区中输入的离岸价格,用户也可以在计算器中修改该价格进行计算,计算完成后工作区中的离岸价也会随之改动;其次,费用计算中的外币默认为美元价格,但实际采购过程中可以采用其他外币进行交易,此时只需在"汇率"中填写人民币兑换相应外币的汇率即可;再次,某些设备的国际运费是以质量为单位计算费用,此时应将"运输费(美元)"的取费基数改为设备的运输总量,在"费率"栏输入单位质量的运输价格;最后,由于国内运杂费的取费基数为进口设备的原价,而进口设备原价指的是抵岸价,所以应将国内运杂费的取费基数改为"LP(抵岸价)"。

3)工器具、生产家具购置费的计算与费用汇总

按照规定,工器具、生产家具购置费均以设备购置费(包括国内采购设备购置费和国外采购设备购置费)为基数,乘以相应的费率计算。GCCP5.0 软件提供了这些费用的快速计算方式,用户只需单击"设备购置费"→"设备购置费汇总",在工作区分别输入工器具购置费、生产家具购置费等相应费用的费率,软件即可自动计算相应费用并汇总建设项目的设备及工器具购置费,如图 2.57 所示。

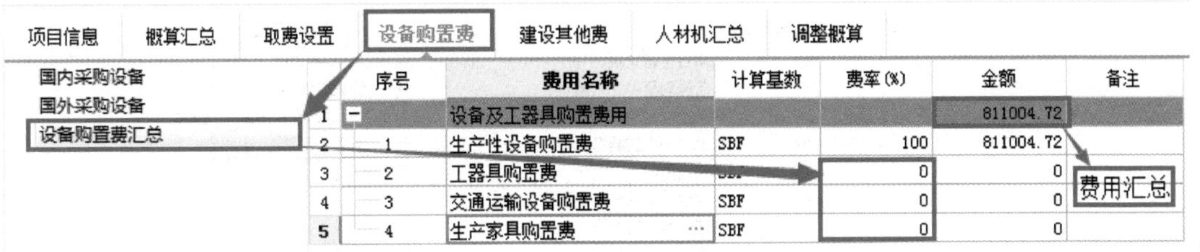

项目信息	概算汇总	取费设置	设备购置费	建设其他费	人材机汇总	调整概算

	序号	费用名称	计算基数	费率(%)	金额	备注
国内采购设备	1	设备及工器具购置费用			811004.72	
国外采购设备	2	生产性设备购置费	SBF	100	811004.72	
设备购置费汇总	3	工器具购置费	SBF	0	0	费用汇总
	4	交通运输设备购置费	SBF	0	0	
	5	生产家具购置费	SBF	0	0	

图 2.57 设备购置费汇总

2.3.4 场景四:确定建设项目的二类费用

建设项目的二类费用是指构成建设工程固定资产总投资的工程建设其他费用。该费用由发包人列支,包括建设用地费、与项目建设有关的其他费用和与未来生产经营有关的其他费用。

在建设工程固定资产总投资的计算中,《建设项目经济评价方法与参数》(第三版)将除工程费用、预备费和建设期利息外的发包人需要为工程顺利实施而支出的各项费用全部列支在工程建设其他费用,导致该费用中的费用子目众多、费用子目的计算方法各异。从收费主体角度来看,有的是按相关行业主管部门发布的规定要求计算(如建设单位管理费、勘察设计费等);有的是发包人与收费主体协商,在行业允许的范围内由双方按照市场交易的合

同价格计算(如中介费、保险费、土地征用费、拆迁补偿费等)。

一般情况下,按相关行业主管部门规定计算的相关费用,多用"计算基数×费率"和"数量×单价"进行取费;按市场价格计算的相关费用,多用"数量×单价"或者"总价"进行取费。因此,综合来看,工程建设其他费用的计算方法可以归结为"计算基数×费率""数量×单价"和"总价"3 种取费方式。

GCCP5.0 软件收集了发包人在实际工作过程中发生的各项费用,结合《建设项目经济评价方法与参数》(第三版)和地区相关建设主管部门的具体要求,将这些费用列支在建设项目界面下的"建设其他费"中。并按照规范要求,将有相关部门明确规定,以"计算基数×费率"方式或者"数量×单价"方式进行计价的费用,给出相应的计价依据提示,默认出计算方式;以"建筑安装工程费和设备及工器具购置费"为计算基础计算的相关费用,默认出计算基数、计算方式及费率,方便用户快速计算相关费用,如图 2.58 所示。

图 2.58　工程建设其他费用的取费模板

对没有相关部门明确规定的其他项目费,GCCP5.0 软件也提供了"单价 * 数量""计算基数 * 费率"和"手动输入"3 种方式,供用户按照费用实际发生情况选择该费用的计算方法,如图 2.59 所示。

图 2.59　工程建设其他费用中的计算方式选择

需要注意的是,如果选择"单价 * 数量""计算基数 * 费率"的计算方式,用户需要在"单价/计算基数"栏和"数量/费率(%)"栏输入相应的数值,软件会自动计算该项费用的金额;如果用户选择"手动输入",则只需在"金额"栏输入该费用实际发生的金额即可。例如,本工程可行性研究费按照 30 万元计算,如图 2.60 所示。

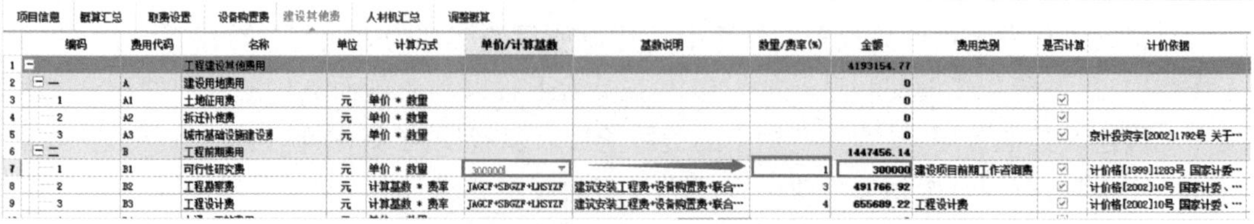

图 2.60　手动输入工程建设其他费用

2.3.5 场景五：确定建设项目的三类费用并汇总建设项目概算总投资

在完成建设项目中各单项工程的建筑安装工程费、设备及工器具购置费以及工程建设其他费用之后，按照《建设项目经济评价方法与参数》（第三版）的要求，计算建设项目概算总投资还需要计算建设项目的预备费和建设期利息；如果是生产或经营性建设项目，还需要计算项目的铺底流动资金。

GCCP5.0 软件在建设项目界面下的"概算汇总"中，向用户提供了汇总建设项目概算总投资的工作界面，其中包含了预备费、建设期利息和铺底流动资金的内容，如图 2.61 所示。

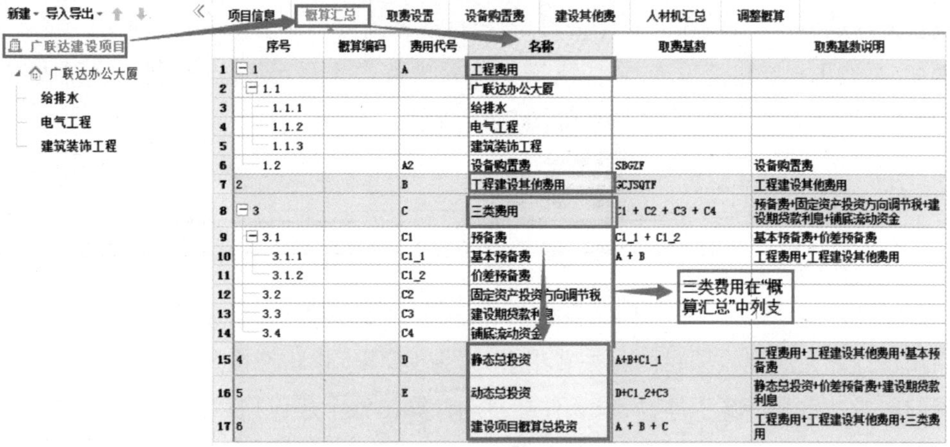

	序号	概算编码	费用代号	名称	取费基数	取费基数说明
1	1		A	工程费用		
2	1.1			广联达办公大厦		
3	1.1.1			给排水		
4	1.1.2			电气工程		
5	1.1.3			建筑装饰工程		
6	1.2		A2	设备购置费	SBGZF	设备购置费
7	2		B	工程建设其他费用	GCJSQTF	工程建设其他费用
8	3		C	三类费用	C1 + C2 + C3 + C4	预备费+固定资产投资方向调节税+建设期贷款利息+铺底流动资金
9	3.1		C1	预备费	C1_1 + C1_2	基本预备费+价差预备费
10	3.1.1		C1_1	基本预备费	A + B	工程费用+工程建设其他费用
11	3.1.2		C1_2	价差预备费		
12	3.2		C2	固定资产投资方向调节税		
13	3.3		C3	建设期贷款利息		
14	3.4		C4	铺底流动资金		
15	4		D	静态总投资	A+B+C1_1	工程费用+工程建设其他费用+基本预备费
16	5		E	动态总投资	D+C1_2+C3	静态总投资+价差预备费+建设期贷款利息
17	6			建设项目概算总投资	A + B + C	工程费用+工程建设其他费用+三类费用

图 2.61　概算汇总的取费模板

下面对各项费用的取费来源进行说明：

①工程费用是指整个建设项目的建筑安装工程费和设备购置费之和，由软件自动收集并汇总建设项目已完成的单项工程建筑安装工程费以及建设项目界面下已完成的设备购置费，然后自动汇总整个建设项目的工程费用并计算相应的各项费用占总投资的比例，如图 2.62 所示。

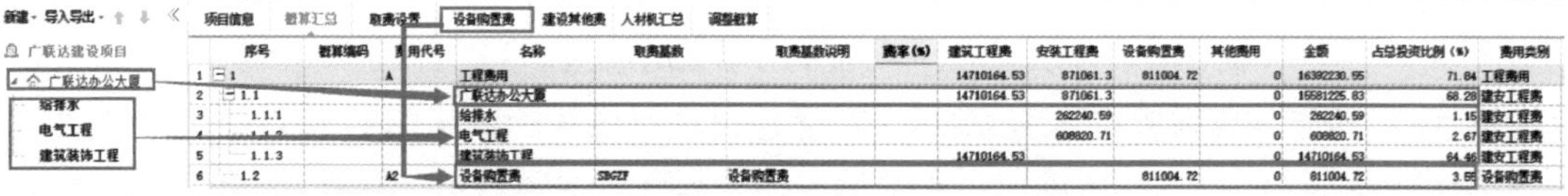

	序号	概算编码	费用代号	名称	取费基数	取费基数说明	费率(%)	建筑工程费	安装工程费	设备购置费	其他费用	金额	占总投资比例(%)	费用类别
1	1		A	工程费用				14710164.53	871061.3	811004.72	0	16392230.55	71.84	工程费用
2	1.1			广联达办公大厦				14710164.53	871061.3		0	15581225.83	68.28	建安工程费
3	1.1.1			给排水					262240.59		0	262240.59	1.15	建安工程费
4	1.1.2			电气工程					608820.71		0	608820.71	2.67	建安工程费
5	1.1.3			建筑装饰工程				14710164.53			0	14710164.53	64.46	建安工程费
6	1.2		A2	设备购置费	SBGZF	设备购置费				811004.72	0	811004.72	3.55	设备购置费

图 2.62　工程费用在概算汇总中的取费方法

②工程建设其他费用由软件自动收集并汇总建设项目界面下已完成的"建设其他费"，然后计算该项费用占总投资的比例，如图 2.63 所示。

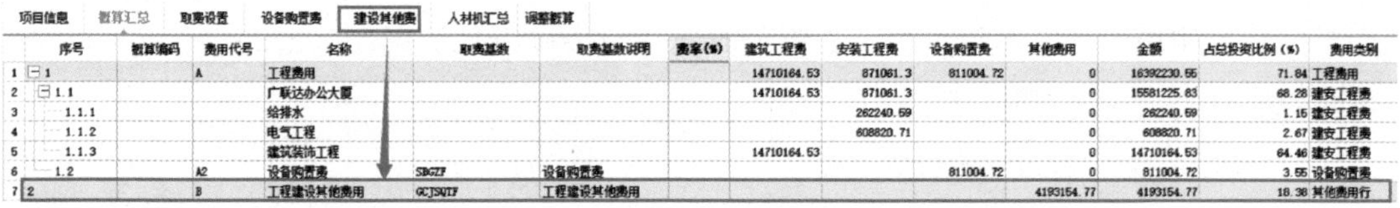

	序号	概算编码	费用代号	名称	取费基数	取费基数说明	费率(%)	建筑工程费	安装工程费	设备购置费	其他费用	金额	占总投资比例(%)	费用类别
1	1		A	工程费用				14710164.53	871061.3	811004.72	0	16392230.55	71.84	工程费用
2	1.1			广联达办公大厦				14710164.53	871061.3		0	15581225.83	68.28	建安工程费
3	1.1.1			给排水					262240.59		0	262240.59	1.15	建安工程费
4	1.1.2			电气工程					608820.71		0	608820.71	2.67	建安工程费
5	1.1.3			建筑装饰工程				14710164.53			0	14710164.53	64.46	建安工程费
6	1.2		A2	设备购置费	SBGZF	设备购置费				811004.72	0	811004.72	3.55	设备购置费
7	2		B	工程建设其他费用	GCJSQTF	工程建设其他费用					4193154.77	4193154.77	18.38	其他费用行

图 2.63　工程建设其他费用在概算汇总中的取费方法

③三类费用由用户在工作界面下进行计算、输入,软件自动汇总该项费用占总投资的比例。

需要说明的是,GCCP5.0 软件内置了国内不同地区建设主管部门的计价规定。用户在新建工程过程中,软件会根据工程所在地区及用户选择的专业,自动默认基本预备费的取费基数及费率,即基本预备费由软件自动计算,用户只需复核该项费用的取费基数和费率的准确性即可;而对于价差预备费、建设期利息和铺底流动资金,由于建设主管部门对这些费用的计算规定相对复杂,需要用户另行计算后,将所需概算金额输入"取费基数"中,并在相应费用的"费率(%)"栏输入费率"100",软件自动将该项费用汇总至概算"金额"中;对于固定资产投资方向调节税,目前政府暂停征收,不再计取相关费用。

例如,案例工程经过造价人员计算,需要价差预备费 5 万元,建设期利息需要支出 12.5 万元,不计取铺底流动资金,具体操作如图 2.64 所示。

8	3	C	三类费用	C1 + C2 + C3 + C4	预备费+固定资产投资方向调节税+建设期贷款利息+铺底流动资金		0	2233538.53	9.79	三类费用
9	3.1	C1	预备费	C1_1 + C1_2	基本预备费+价差预备费		0	2108538.53	9.24	普通费用行
10	3.1.1	C1_1	基本预备费	A + B	工程费用+工程建设其他费用	10	0	2058538.53	9.02	普通费用行
11	3.1.2	C1_2	价差预备费	50000	50000	100	0	50000	0.22	普通费用行
12	3.2	C2	固定资产投资方向调节税				0	0	0	普通费用行
13	3.3	C3	建设期贷款利息	125000	125000	100	0	125000	0.55	普通费用行
14	3.4	C4	铺底流动资金			0	0	0	0	普通费用行

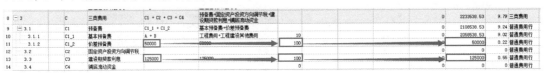

图 2.64　三类费用在概算汇总中的取费方法

当用户计算完成建设项目的相关费用后,因为 GCCP5.0 软件按照计算规范内置了概算总投资的取费基数和计算程序,所以软件会自动计算出整个建设项目的概算总投资,用户只需复核取费基数和计算程序即可,如图 2.65 所示。

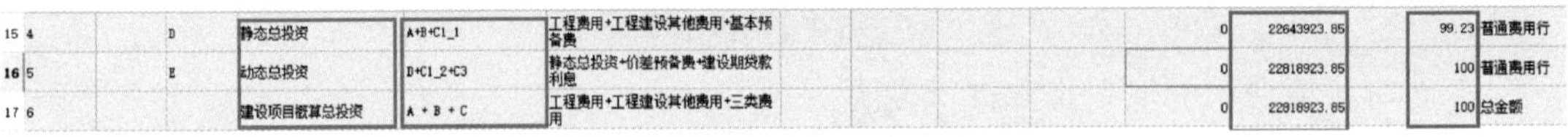

15	4	D	静态总投资	A+B+C1_1	工程费用+工程建设其他费用+基本预备费	0	22643923.85	99.23	普通费用行
16	5	E	动态总投资	D+C1_2+C3	静态总投资+价差预备费+建设期贷款利息	0	22818923.85	100	普通费用行
17	6		建设项目概算总投资	A + B + C	工程费用+工程建设其他费用+三类费用	0	22818923.85	100	总金额

图 2.65　概算总投资在概算汇总中的取费方法

因为概算总投资是工程建设项目的最高总投资额,概算编制的准确性直接影响投资人的投资决策和工程在建设过程中的投资控制。所以,当完成整个建设项目的概算总投资编制之后,用户需要检查概算编制过程中各项费用计算的正确性。

GCCP5.0 软件提供了"项目自检"功能,用于协助用户检查各项费用编制的准确性。"项目自检"功能分布在单位工程、单项工程和建设项目各级的概算编制中,用户可以按照需求在编制各级概算完成后,检查该级概算编制的准确性。项目自检的操作流程为:单击工具栏中的"项目自检"→选择需要检查的相应级别的概算→设置检查项→执行检查→对检查出的问题逐一选择,双击定位后复核、修改,如图 2. 66 所示。

完成项目自检后,用户还需要编制建设项目的项目信息,根据项目的实际情况填写项目信息,完成编制说明等。单位工程工程概况的编制同项目信息的编制,如图 2.67 所示,这里不再赘述。

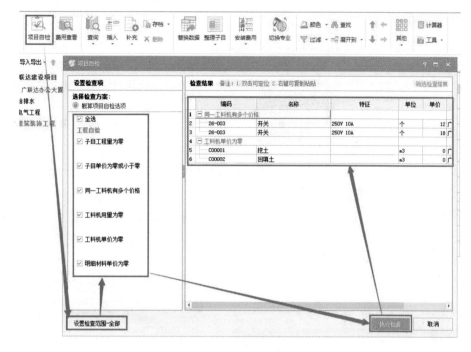

图 2.66 项目自检的操作流程

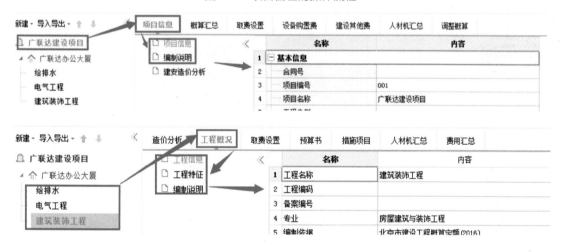

图 2.67 项目信息、工程概况的填写

2.3.6 场景六：概算报表的预览和输出

当用户完成了建设项目各级概算文件的编制之后，GCCP5.0 软件向用户提供了各级概算报表的预览和输出（导出、打印）服务，以方便用户按照需要预览和输出所需要的概算报表。

报表预览的操作流程：将工作界面切换至"报表"→选择需要预览的相应工程级别的概算文件→选择该级别概算需要预览的概算报表即可，如图 2.68 所示。

报表输出（导出、打印）的操作流程：将工作界面切换至"报表"→按需要单击工具栏中的"批量导出"或者"批量打印"→在弹出的对话框中选择需要"导出"或者"打印"的报表→

图 2.68　报表浏览操作流程

单击"导出"或者"打印"按钮即可,如图 2.69 所示。

　　一般情况下,工程造价人员习惯于先导出报表,检查报表的完整性和准确性后再打印,同时也完成了概算报表的备份工作。因此,软件按照用户需要,对导出的 Excel 报表进行导出设置,供用户选择使用,如图 2.70 所示。

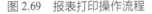

图 2.69　报表打印操作流程

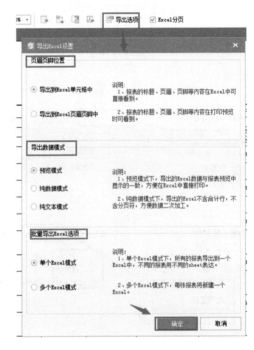

图 2.70　Excel 报表导出设置

3 基于 BIM 的工程预算

案例背景

广联达科技股份有限公司拟针对"广联达办公大厦"项目进行招标,目前已经具备招标条件,现公司委托具有相应资质的工程咨询公司编制本项目的单位工程工程量清单与招标控制价。假如你是该工程咨询公司负责本项目的造价工程师,请你完成招标工程量清单与招标控制价的编制任务。

某施工单位有意愿承建"广联达办公大厦"项目的施工,已购买招标文件并正在进行投标文件的编制。假如你在该施工单位的预算部门,请你根据要求完成投标过程中各单位工程的"广联达办公大厦"项目投标报价的编制。

教学目标

1.了解招标控制价与投标报价的主要区别;

2.熟悉招标控制价、投标报价和工程量清单编制的主要内容;

3.掌握 GCCP5.0 软件在工程招投标中的具体应用。

教学重难点

1.教学重点:招标控制价与投标报价的编制、工程量清单的组成及编制、GCCP5.0 软件在工程招投标中的具体应用。

2.教学难点:GCCP5.0 软件在工程招投标中的具体应用。

3.1 招标控制价与投标报价

3.1.1 招标控制价与投标报价的区别

招标控制价是招标人根据国家或省级、行业建设主管部门颁发的有关计价依据和办法,以及拟定的招标文件和招标工程量清单,结合工程具体情况编制的招标工程的最高投标限价。《建设工程工程量清单计价规范》(GB 50500—2013)规定,国有资金投资的建设工程招标,招标人必须编制招标控制价。投标报价主要是投标人对拟建工程所要发生的各种费用的计算。同时规范规定,投标价是投标人投标时报出的工程造价。由此可以看出,招标控制价是对投标报价的限制价,因此招标控制价又称为最高限价,是投标报价的最高上限,如果超过这个控制价,投标文件将被视为废标。

招标控制价应该由具有编制能力的招标人或受其委托具有相应资质的工程造价咨询人员编制,其内容的准确性、严密性由招标人负责;投标报价则是投标人为进行投标而编制的报价,其内容由投标人负责。

相对而言,招标控制价主要依据国家或省级、行业建设主管部门颁发的有关计价依据和办法进行编制,其中的各项费用依据规定不可调整。而投标报价由投标人自主确定,但必须执行《建设工程工程量清单计价规范》的强制性规定;投标人的投标报价不得低于成本;投标报价要以招标文件中设定的承发包双方责任划分,作为考虑投标报价费用项目和费用计算的基础,承发包双方的责任划分不同,其合同风险的分摊也不同,从而导致投标人选择不同的报价。

3.1.2 招标控制价的编制

1) 招标控制价的编制依据

①《建设工程工程量清单计价规范》(GB 50500—2013)。

②国家或省级、行业建设主管部门颁发的计价定额和计价办法。

③建设工程设计文件及相关资料。

④拟定的招标文件及招标工程量清单。

⑤与建设项目相关的标准、规范、技术资料。

⑥施工现场情况、工程特点及常规施工方案。

⑦工程造价管理机构发布的工程造价信息;工程造价信息没有发布的,参照市场价。

⑧其他的相关资料。

2) 招标控制价编制的注意事项

按上述依据进行招标控制价编制时,应注意以下事项:

①使用的计价标准、计价政策应是国家或省级、行业建设主管部门颁发的计价定额、计价办法和相关政策规定;

②采用的材料价格应是工程造价管理机构通过工程造价信息发布的材料单价,工程造价信息未发布材料单价的,其材料价格应通过市场调查确定;

③国家或省级、行业建设主管部门对工程造价计价中费用或费用标准有规定的,应按规定执行。

3) 招标控制价的编制内容

(1) 分部分项工程费

分部分项工程费应根据招标文件中分部分项工程量清单的项目特征描述及有关要求,按规定确定综合单价进行计算。综合单价应包括招标文件中要求投标人承担的风险费用。计算综合单价,管理费和利润可根据人工费、材料费、施工机具使用费之和按照一定的费率取费计算。招标文件提供了暂估单价的材料,按暂估的单价计入综合单价。

(2) 措施项目费

措施项目费应按招标文件中提供的措施项目清单确定,采用分部分项工程综合单价形式进行计价的工程量,应按措施项目清单中的工程量并按规定确定综合单价;以"项"为单位计价的,如安全文明施工费、夜间施工费、二次搬运费、冬雨季施工费,都是以人工费为基数乘以相应的费率计算。措施项目费中的安全文明施工费应按照国家或省级、行业建设主管部门的规定计价,不得作为竞争性费用。

（3）其他项目费

其他项目费应按下列规定计价：

①暂列金额。暂列金额由招标人根据工程特点,按有关计价规定进行估算确定。为保证工程建设的顺利实施,在编制招标控制价时,应对施工过程中可能出现的各种不确定因素对工程造价的影响进行估算,列出一笔暂列金额。暂列金额可以根据工程的复杂程度、设计深度、工程环境条件（包括地质、水文、气候条件等）进行估算,一般可按分部分项工程费的 10%~15% 作为参考。

②暂估价。暂估价包括材料暂估单价、工程设备暂估单价和专业工程暂估价。暂估价中的材料、工程设备暂估价应根据工程造价管理机构发布的工程造价信息或参考市场价格估算;暂估价中的专业工程暂估价应分不同专业,按有关计价规定估算。

③计日工。计日工包括计日工人工、材料和施工机具。在编制招标控制价时,对计日工中的人工单价和施工机械台班单价,应按省级、行业建设主管部门或其授权的工程造价管理机构公布的单价计算;材料应按工程造价管理机构发布的工程造价信息中的材料单价计算,工程造价信息未发布材料单价的,其材料价格应按市场调查确定的单价计算。

④总承包服务费。招标人应根据招标文件中列出的内容和向总承包人提出的要求,参照下列标准计算总承包服务费：

a.招标人要求对分包的专业工程进行总承包管理和协调时,按分包的专业工程估算造价的 1.5% 计算;

b.招标人要求对分包的专业工程进行总承包管理和协调,并同时要求提供配合服务时,根据招标文件中列出的配合服务内容和提出的要求,按分包的专业工程估算造价的 3%~5% 计算;

c.招标人自行供应材料的,按招标人供应材料价值的 1% 计算。

（4）规费和税金

招标控制价的规费和税金必须按照国家或省级、行业建设主管部门的规定计算。

3.1.3　投标报价的编制

1）投标报价的编制依据

①《建设工程工程量清单计价规范》（GB 50500—2013）;

②国家或省级、行业建设主管部门颁发的计价办法;

③企业定额,国家或省级、行业建设主管部门颁发的计价定额;

④招标文件、工程量清单及其补充通知、答疑纪要;

⑤建设工程设计文件及相关资料;

⑥施工现场情况、工程特点及拟定的投标施工组织设计或施工方案。

⑦与建设项目相关的标准、规范等技术资料;

⑧市场价格信息或工程造价管理机构发布的工程造价信息;

⑨其他的相关资料。

2)投标报价的编制原则

①投标报价由投标人自己确定,但是必须执行《建设工程工程量清单计价规范》的强制性规定;

②投标人的投标报价不得低于工程成本;

③投标人必须按招标工程量清单填报价格;

④投标报价要以招标文件中设定的承发包双方责任划分,作为设定投标报价费用项目和费用计算的基础;

⑤投标报价应以施工方案、技术措施等作为投标报价计算的基本条件;

⑥报价方法要科学严谨、简明适用。

3)投标报价的编制内容

(1)分部分项工程费

分部分项工程的工程量依据招标文件中提供的分部分项工程量清单所列内容确定,综合单价中应包含招标文件要求的投标人承担的风险费。投标报价以工程量清单项目特征描述为准确定综合单价的组价。

分部分项工程综合单价确定的步骤和方法如下:

①确定计算基础。主要包括消耗量的指标和生产要素的单价。

②分析每一清单项目的工程内容。确定依据:项目特征描述、施工现场情况、拟定的施工方案、《建设工程工程量清单计价规范》(GB 50500—2013)中提供的工程内容以及可能发生的规范列表之外的特殊工程内容。

③计算工程内容的工程数量与清单单位含量。每一项工程内容都应根据所选定额的工程量计算规则计算其工程数量。当定额的工程量计算规则与清单的工程量计算规则相一致时,可直接以工程量清单中的工程量作为工程内容的工程数量。

④当采用清单单位含量计算人工费、材料费、施工机具使用费时,还需要计算每一计量单位的清单项目所分摊的工程内容的工程数量,即清单单位含量。

确定分部分项工程综合单价时的注意事项:

①以项目特征描述为依据。当招标文件中分部分项工程量清单的项目特征描述与设计图纸不符时,投标人应以分部分项工程量清单的项目特征描述为准。

②材料暂估价的处理。其他项目清单中的暂估单价材料,应按其暂估的单价计入分部分项工程量清单项目的综合单价中。

③应包括承包人承担的合理风险。

④根据工程承发包模式,考虑投标报价的费用内容和计算深度,以施工方案、技术措施等作为投标报价计算的基本条件;以反映企业技术和管理水平的企业定额作为计算人工、材料和机械台班消耗量的基本依据;充分利用现场考察、调研成果、市场价格信息和行情资料编制投标报价。

（2）措施项目费

措施项目费中的安全文明施工费按国家或省级、行业建设主管部门规定计价，不得作为竞争性费用。对其他措施项目，投标报价时，投标人可以根据工程实际情况，结合施工组织设计对招标人所列的措施项目进行增补。

（3）其他项目费

暂列金额由招标人填写，投标报价时，投标人按照招标人列项的金额填写，不允许改动。

专业工程暂估价按不同专业进行设定。投标报价时，专业工程暂估价完全按照招标人设定的价格计入，不能进行调整。

计日工的单价由投标人自主报价，用单价与招标工程量清单相乘，即可得出计日工费用。

总承包服务费应由投标人视招标范围，招标人供应的材料、设备情况，招标人暂估材料、设备价格情况，参照下列标准计算：招标人仅要求对分包的专业工程进行总承包管理和协调时，按分包的专业工程造价（不含设备费）的 1.5%～2% 计算；招标人要求对分包的专业工程进行总承包管理和协调，并同时要求提供配合服务时，根据招标文件中列出的配合服务内容和提出的要求，按分包的专业工程造价的 3%～5% 计算。

（4）企业管理费和利润

企业管理费和利润应根据企业年度管理费收支和利润标准以及企业的发展要求，同时考虑本项目的投标策略综合确定。随着合理低价中标的逐步推行，市场竞争日趋激烈，企业管理费和利润率可在一定范围内进行调整。

4）投标报价编制的注意事项

①基础数据准确性及可竞争性。投标编制人员不仅要熟悉业务知识，而且要富有管理经验，还要全面理解招标文件的内容。基础数据的可竞争性是指报价中所列材料费、人工费、机械费的单价有可竞争性。

②投标报价的确定。最终报价的确定是能否中标的关键，也是企业中标后获利的关键。未中标，则前期的一切经营成果等于"零"；中标后，报价低、利润小，可能出现亏损，给企业增加经济负担。因此，投标报价的确定不仅是投标报价过程，而且是企业决策过程。

5）投标报价的技巧

常用投标报价技巧有不平衡报价法、扩大标价法、逐步升级法、突然袭击法、先亏后盈法、多方案报价法、增加建议方案法等。在投标报价编制过程中，结合项目特点及企业自身状况，选取恰当的报价技巧，以争取更高的中标率。

下面以不平衡报价法为例，介绍其报价方法。

在工程投标报价中，在投标总价不变的情况下，每个综合单价的高低要根据具体情况来确定，即通常所说的不平衡报价。通过不平衡报价，投标人对分部分项报价作适当调整，从而使承包商尽早收回工程费用，增加流动资金，同时尽可能获取较高的利润。以下几点意见可供参考：

①预计工程量会增加的分部分项工程，其综合单价可提高一些；工程量可能减少的，其单价可适当降低一些。

②能够早收到钱款的项目,如土方、基础等,其单价可定得高一些,以提早收回工程款,利于承包商的资金周转。后期的工程项目单价,如粉刷、油漆、电气等,可适当降低一些。

③图纸不明确或有错误的,估计今后要修改或取消的项目,其单价可适当降低一些。

④没有工程量,只报单价的项目,由于不影响投标总价,其单价可适当提高,今后若出现这些项目时,则可获得较多的利润。

⑤计日工和零星施工机械台班/小时单价报价时,可稍高于工程单价中的相应单价,因为这些单价不包括在投标价格中,发生时按实计算。

在投标报价时,根据招标项目的不同特点采取不同的投标报价技巧。对于施工难度高但可操控的项目,可适当抬高报价;对于施工技术含量低的项目,则可以适当降低报价。

投标报价的技巧来自经验的总结和对工作的熟悉,这就要求我们不断地从投标实践活动中去总结和积累。

总之,招标控制价和投标报价无论从编制委托还是编制内容上都是不一样的,招标控制价更注重政策及法规要求;而投标报价除了按照现行计价要求,还需要从企业的实际情况和施工组织方案出发,但不能突破招标控制价。

3.2 工程量清单

1) 工程量清单的编制主体

《建设工程工程量清单计价规范》(GB 50500—2013)规定:"工程量清单应由具有编制招标文件能力的招标人,或受其委托具有相应资质的中介机构进行编制",同时明确"工程量清单应作为招标文件的组成部分。"

工程量清单是对招投标双方具有约束力的重要文件,是招投标活动的重要依据。由于工程量清单的专业性较强、内容较复杂,所以需要具有较高业务技术水平的专业技术人员进行编制。因此,一般来说,工程量清单应由具有编制能力的经过国家注册的造价工程师和具有工程造价咨询资质并按规定的业务范围承担工程造价咨询业务的中介机构进行编制。工程量清单封面上必须要有注册造价工程师签字并盖执业专用章方有效。

2) 工程量清单的编制内容

一个拟建项目的全部工程量清单主要包括分部分项工程量清单、措施项目清单和其他项目清单 3 个部分。

分部分项工程量清单是表明拟建工程的全部分项实体工程名称和相应数量的清单。分部分项工程量清单的编制,首先要实行"五要素四统一"的原则,五要素即项目编码、项目名称、项目特征、计量单位、工程量计算规则;四统一即统一项目编码、统一项目名称、统一计量单位、统一工程量计算规则。在四统一的前提下编制清单项目。

措施项目清单是为完成分项实体工程而必须采取的一些措施性清单,包括单价措施清单和总价措施清单。单价措施主要是技术类的措施项目,比如脚手架、模板、垂直运输等,单价措施清单的编制方法同分部分项工程量清单的编制,该部分清单由招标人提供。总价措施包括安全文明施工、夜间施工、二次搬运等,总价措施清单编制时按照规范规定列出项目编码、项目名称等,以"项"为单位列出。

其他项目清单包括暂列金额、专业工程暂估价、计日工和总承包服务费。其中,暂列金和专业工程暂估价由招标人根据工程特点列出项目名称、计量单位和金额;计日工列出项目名称、计量单位和暂估数量;总承包服务费列出服务项目及内容。

3) 工程量清单编制的注意事项

①分部分项工程量清单编制要求数量准确,避免错项、漏项。因为投标人要根据招标人提供的工程量清单进行报价,如果工程量不准确,报价也不可能准确。所以,工程量清单编制完成以后,除编制人要反复校核外,还必须要由其他人审核。

②随着建设领域新材料、新技术、新工艺的出现,《建设工程工程量清单计价规范》(GB 50500—2013)附录中缺项的项目,编制人可以作补充。

③《房屋建筑与装饰工程工程量计算规范》(GB 50854—2013)附录中的 9 位编码项目,有的涵盖面广,编制人在编制清单时要根据设计要求仔细分项。其宗旨是使清单项目名称具体化、项目划分清晰,以便于投标人报价。

编制工程量清单是一项涉及面广、环节多、政策性强、对技术和知识要求高的技术经济工作。编制人必须精通《房屋建筑与装饰工程工程量计算规范》(GB 50854—2013),认真分析拟建工程的项目构成和各项影响因素,多方面接触工程实际,才能编制出高水平的工程量清单。

4) 工程量清单相关说明

《中华人民共和国简明标准施工招标文件》(2012 年版)第五章列明了工程量清单格式。

①工程量清单说明:工程量清单是根据招标文件中包括的、有合同约束力的图纸以及有关工程量清单的国家标准、行业标准、合同条款中约定的工程量计算规则编制。约定计量规则中没有的子目,其工程量按照有合同约束力的图纸所标示尺寸的理论净量计算。计量采用中华人民共和国法定计量单位。工程量清单应与招标文件中的投标人须知、通用合同条款、专用合同条款、技术标准和要求及图纸等一起阅读和理解。工程量清单仅是投标报价的共同基础,实际工程计量和工程价款的支付应遵循合同条款的约定和第七章"技术标准和要求"的有关规定。

②投标报价说明:工程量清单中的每一子目须填入单价或价格,且只允许有一个报价。工程量清单中标价的单价或金额,应包括所需的人工费、材料费和施工机具使用费,以及企业管理费、利润和一定范围内的风险费用等。工程量清单中投标人没有填入单价或价格的子目,其费用视为已分摊在工程量清单中其他相关子目的单价或价格之中。

5) 工程量清单的纠偏

在《建设工程施工合同(示范文本)》(GF-2013-0201)的通用条款 1.13 条款及《建设工程工程量清单计价规范》(GB 50500—2013)第 9.5 款和 9.6 款,专门针对工程量清单缺项及工程量偏差作出了相关规定:

（1）工程量清单缺项

合同履行期间，出现招标工程量清单项目缺项的，发承包双方应调整合同价款。招标工程量清单中出现缺项，造成新增分部分项工程量清单项目的，应按照《建设工程工程量清单计价规范》（GB 50500—2013）第 9.3.1 条的规定确定单价，调整分部分项工程费。由于招标工程量清单中分部分项工程出现缺项，引起措施项目发生变化的，应按照《建设工程工程量清单计价规范》（GB 50500—2013）第 9.3.2 条的规定，在承包人提交的实施方案被发包人批准后，计算调整的措施费用。

（2）工程量偏差

合同履行期间，当应该计算的实际工程量与招标工程量清单出现偏差，且符合《建设工程工程量清单计价规范》（GB 50500—2013）第 9.6.2 条、第 9.6.3 条规定时，发承包双方应调整合同价款。对于任一招标工程量清单项目，如果因本条（第 9.6.2 条）规定的工程量偏差和第 9.3 条规定的工程变更等原因导致工程量偏差超过 15% 时，可进行调整。调整原则为：当工程量增加 15% 以上时，其增加部分的工程量的综合单价应予调低；当工程量减少 15% 以上时，减少后剩余部分的工程量的综合单价应予调高。如果工程量出现第 9.6.2 条的变化，且该变化引起相关措施项目相应发生变化，如按系数或单一总价方式计价的，工程量增加的措施项目费调增，工程量减少的措施项目费调减。

3.3 场景设计

3.3.1 场景一：新建招标项目

操作过程如下：

①单击标题栏中的"新建"按钮，在下拉菜单中单击"新建招投标项目"，再在弹出的对话框中选择项目所在地区（案例工程在北京市），然后单击"清单计价"模式下"新建招标项目"，如图 3.1 所示。

②在弹出的"新建招标项目"对话框中依次填写项目名称、项目编码、地区标准、定额标准，导入价格文件（本教材以 2017 年 1 月信息价为例），计税方式采用增值税，然后单击"下一步"按钮，完成招标项目的建立，如图 3.2 所示。

③进入"新建招标项目"对话框，单击"新建单项工程"按钮，在弹出的对话框中依次输入单项名称、单项数量，并选择单项工程中所包含的相应单位工程项目，然后单击"确定"按钮，如图 3.3 所示。因为在"新建单项工程"对话框中，软件内置了相应"单位工程"选项，所以用户在新建单项工程过程中，只需按照工程实际情况，在对话框中勾选单项工程所包含的单位工程，软件会自动按照需求选择生成相应单位工程，无须手动建立。

图 3.1　新建招标项目

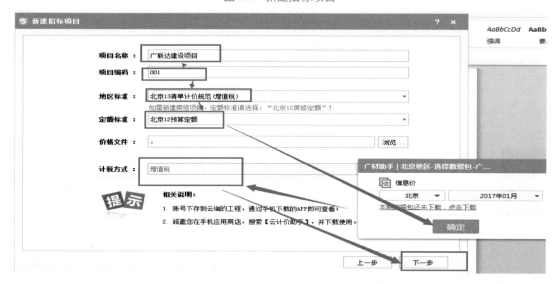

图 3.2　新建招标项目模板

　　同时单项工程建立后,用户还可以在"新建招标项目"对话框中,按照建设项目实际情况,新建多个单项工程,或者对已建立的单项工程新建单位工程,或者修改已经完成的单项工程、单位工程信息,如图 3.3 所示。

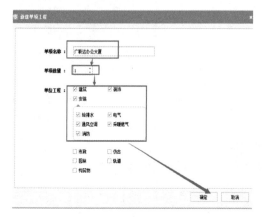

图 3.3　新建单项工程

④新建招标项目完成后,进入招标项目控制价编制界面,在界面导航栏形成了新建项目三级项目管理体制,至此利用 GCCP5.0 软件完成了招标项目的新建操作,如图 3.4 所示。

图 3.4 新建招标项目完成

3.3.2 场景二:工程量清单编制

工程量清单的组成包括 5 个部分,除给定工程量外,需要进行项目编码、项目名称、项目特征、单位的编制。其中项目特征描述尤为重要,是项目单位进行组价的重要依据之一。

操作过程如下:

①编制分部分项工程量清单。在上述新建项目三级目录完成后的界面,可分别单击"建筑""装饰""给排水""电气"等,进行分部分项工程量清单的编制,如图 3.5 所示。在清单编制过程中,需要注意项目特征描述必须依据图纸内容及设计要求进行编制,本教材提供了编制好的清单,步骤为:双击"编码"处,弹出"查询"对话框,单击"清单指引"(亦可单击"清单"),会出现所需编制的清单条目,根据案例工程需要进行选择,亦可加入相应定额子目,进行勾选即可,然后单击"插入清单(I)"按钮,此时要注意项目特征描述应清晰明了,按照工程图纸进行输入,再输入相应工程量数据,还要注意单位的统一,至此一条分部分项工程量清单编制完成,读者可据此编制剩余清单,如图 3.6 所示。

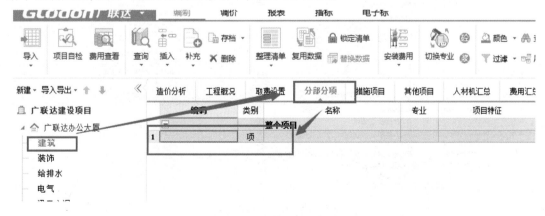

图 3.5 新建分部分项工程量清单编制界面

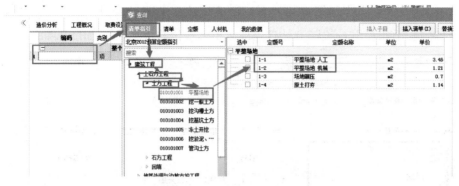

图 3.6　分部分项工程量清单编制界面

②编制措施项目清单。措施项目分为总价措施项目和单价措施项目,根据案例工程实际情况分别进行编辑录入,如图 3.7 所示。需要注意的是,总价措施项目中的安全文明施工是必须计取的项目,对其他不需要的清单项可以进行删除。单价措施项目录入与分部分项工程量清单编制方法一致。

	序号	类别	名称	单位	项目特征	计算基数	费率(%)
			措施项目				
	一		总价措施				
1	011707001001		安全文明施工	项			
2	1.1		环境保护	项		ZJF+ZCF+SBF+JSCS_ZJF+JSCS_ZCF+JSCS_SBF	1.23
3	1.2		文明施工	项		ZJF+ZCF+SBF+JSCS_ZJF+JSCS_ZCF+JSCS_SBF	0.69
4	1.3		安全施工	项		ZJF+ZCF+SBF+JSCS_ZJF+JSCS_ZCF+JSCS_SBF	1.33
5	1.4		临时设施	项		ZJF+ZCF+SBF+JSCS_ZJF+JSCS_ZCF+JSCS_SBF	2.29
6	0117B001		施工垃圾场外运输和消纳	项		ZJF+ZCF+SBF+JSCS_ZJF+JSCS_ZCF+JSCS_SBF	0.58
7	011707002001		夜间施工	项			
8	011707003001		非夜间施工照明	项			
9	011707004001		二次搬运	项			
10	011707005001		冬雨季施工	项			
11	011707006001		地上、地下设施、建筑物的临时保护设施	项			
12	011707007001		已完工程及设备保护	项			
	二		单价措施				
13				项			

图 3.7　措施项目清单编制界面

③编制其他项目清单。其他项目清单包括暂列金额、专业工程暂估价、计日工费用、总

承包服务费、签证与索赔计价表五部分内容。在项目预算阶段，可能涉及的是前 4 种，分别按照实际工程需要，即设置的清单内容来进行编辑，需要注意的是其他项目清单并非必有内容，而是根据项目实际情况进行编辑设置，录入相关信息即可，如图 3.8 所示。

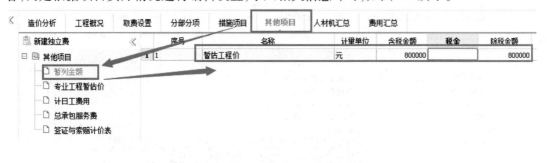

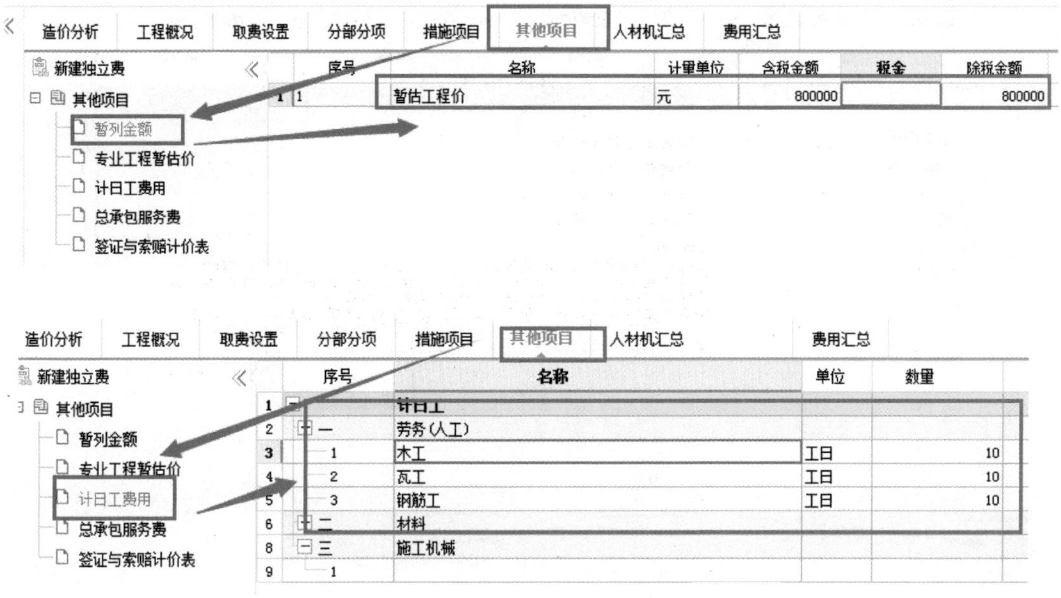

图 3.8　其他项目清单编制界面

④清单自检。所有清单编制完成之后，需要进行清单自检，对有问题项进行修改和完善，如图 3.9 所示。

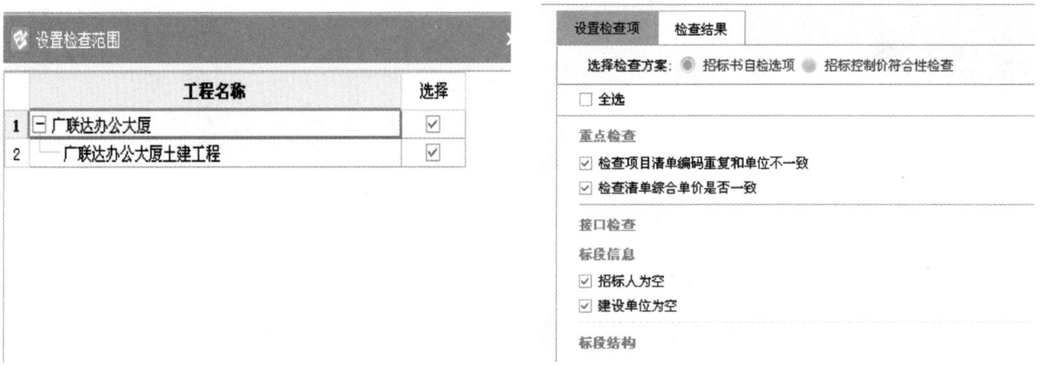

图 3.9　清单自检

⑤整理清单。一般按照分部整理原则，单击"整理清单"→"分部整理"，在弹出的"分部整理"对话框中勾选需要整理的层级，一般情况下均选择"需要章分部标题"，单击"确定"按钮即可完成清单整理工作，如图 3.10 所示。

⑥导出清单。清单整理完毕即可根据需要保存并导出全部工程或单位工程清单，用于下发工程量清单。单击"电子标"→"生成招标书"，系统提示需要进行自检，没有问题再选择导出位置及需要导出的标书类型，单击"确定"按钮即可生成电子招标书.xml 格式文件，如图 3.11 所示。

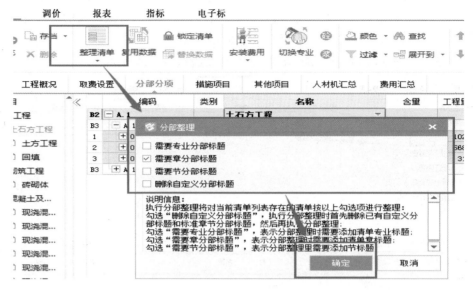

图 3.10　整理清单

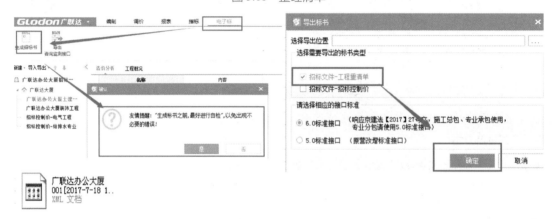

图 3.11　导出工程量清单

至此案例工程的土建单位工程的工程量清单已经编制完成,对于其他单位工程即装饰装修与安装工程的工程量清单,其编制过程与此相同,在此不作详细介绍。

3.3.3　场景三:招标控制价编制

根据给定的工程相关文件(算量文件、已编制好的工程量清单等)分别编制土建、装饰与安装工程的招标控制价。首先研究土建、装饰装修与安装工程的算量文件及工程量清单,结合工程图纸,分析找出招标控制价计取的主要控制要点及注意事项;然后根据招标控制价的编制特点,对提供的各单位工程的工程量清单进行定额套取,编制出合理的招标控制价。

下面以土建单位工程招标控制价的编制为例进行介绍。

(1)取费设置,导入并整理清单

根据案例工程的工程类别、檐高跨度、工程地点,分别计取合适的费率。单击"取费设置"按钮,显示现行计税方式(即增值税),再根据工程实际情况选择合适的工程类别、檐高跨度及工程地点,计取合适的企业管理费费率和相应的利润率,如图 3.12 所示。

图 3.12 取费设置

在单位工程下可导入 Excel 文件或 GCCP5.0 软件版清单,并对清单进行整理调用。整理清单的方法同场景二,此处不再详细阐述,如图 3.13 所示。

图 3.13 导入并整理清单

（2）定额套取

按照土建、装饰装修与安装单位工程组价特点,在清单项目下进行组价。由于安装工程需要补充大量设备及主材,所以必须提供设备、主材价格。

①插入子目。单击工具栏中的"插入"按钮,在下拉菜单中选择"插入子目",在清单条目下增加定额项。此时有两种方法添加定额:一是单击定额处"…",选择匹配定额,此方法方便快捷,比较常用;二是在工具栏中单击"查询"按钮,从定额库中选择合适的定额进行添加,如图 3.14 所示。

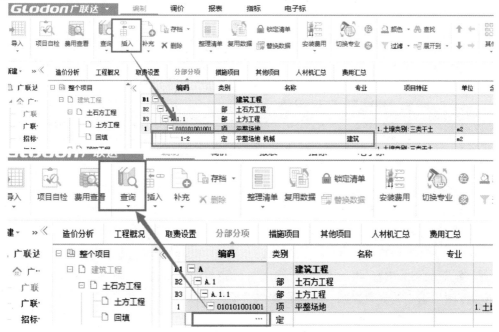

图 3.14 插入子目

需要特别注意,根据清单项目特征结合工程图纸选择合适的相关定额子目,如果找不到合适定额子目,可以在"工料机"显示处进行材料换算等,找到匹配定额,该部分内容在概算部分已进行详细讲解,在此不再赘述,如图 3.15 所示。

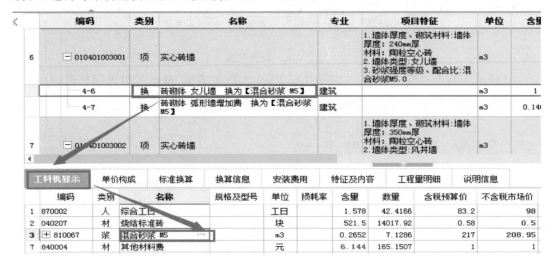

图 3.15　定额套取换算

②对每项定额进行复核,补充主材或设备,即补充人材机。根据定额子目要求,选择主材或设备,一般主材和设备名称可根据图纸上给定的主材和设备名称进行命名,要注意尺寸的区分(适用安装单位工程),如图 3.16 所示。

图 3.16　补充主材或设备

③修改定额子目工程量表达式及含量,尤其是清单与定额单位不统一的情况,需要进行换算,否则会造成工程量计算不准确进而造成价格误差,如图 3.17 所示。

38	010507001002	项	散水、坡道		1.垫层材料种类、厚度:150mm厚3:7灰土 2.面层厚度:60mm 3.混凝土种类:预拌 4.混凝土强度等级:C15 5.变形缝填塞材料种类:砂浆缝 6.部位:散水	m2			97.74
	5-43	换	现浇混凝土 散水　换为【C15预拌混凝土】	建筑		m3	0.059955	5.86	
	4-72	定	垫层 3:7灰土	建筑		m3	0.1499898	14.66	
	9-274	定	嵌缝 建筑油膏	建筑		m	1.0834868	105.9	

图 3.17　定额子目完善

④综合单价的计取。所有清单项的定额添加完成之后,需要对综合单价进行计取。综合单价包括企业管理费、利润,以及一定范围内的风险费用,因此需要根据案例工程的特点及工程内容,结合北京市取费文件,逐项对每条定额的企业管理费、利润及风险费率进行计取,由此形成适合项目特点及企业需求的合理综合单价。操作方法是:单击定额项,页面下会出现该定额的相关内容,再单击"单价构成",分别对企业管理费、利润及风险费率进行取费,招标控制价编制的取费原则一般为根据取费文件计取,如图 3.18 所示。

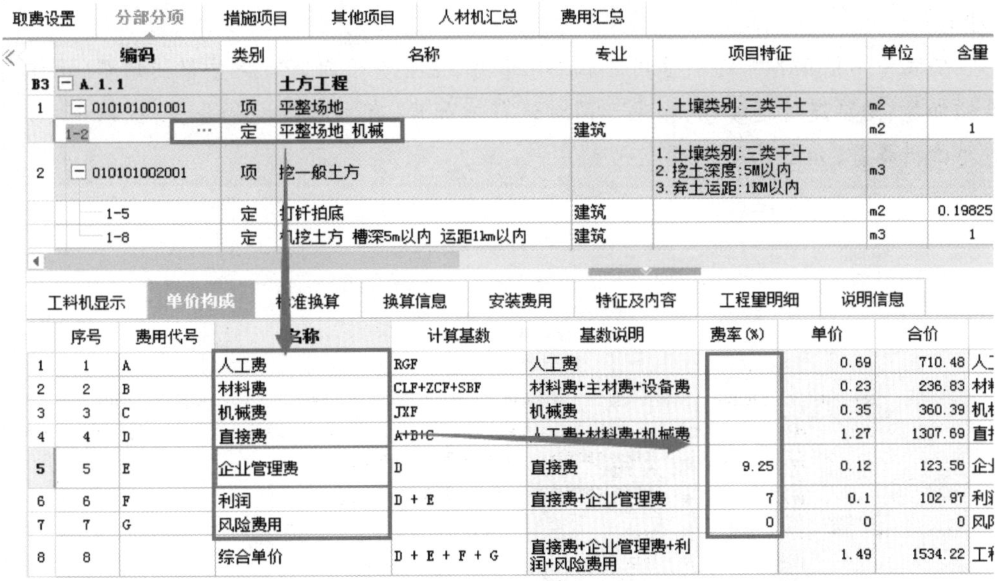

图 3.18　综合单价的计取

⑤措施项目费计取。工作界面切换到"措施项目"。总价措施以"项"为单位,采取"计算基数×费率"的计算方法,这里必须计取的是安全文明施工费,其根据工程地点及建筑面积计取费率。其他的总价措施项目如夜间施工、二次搬运等,应根据工程实际情况、工期等相关因素进行计取。单价措施与分部分项工程量清单一样,需要进行定额套取,在此不再赘述,如图 3.19 所示。

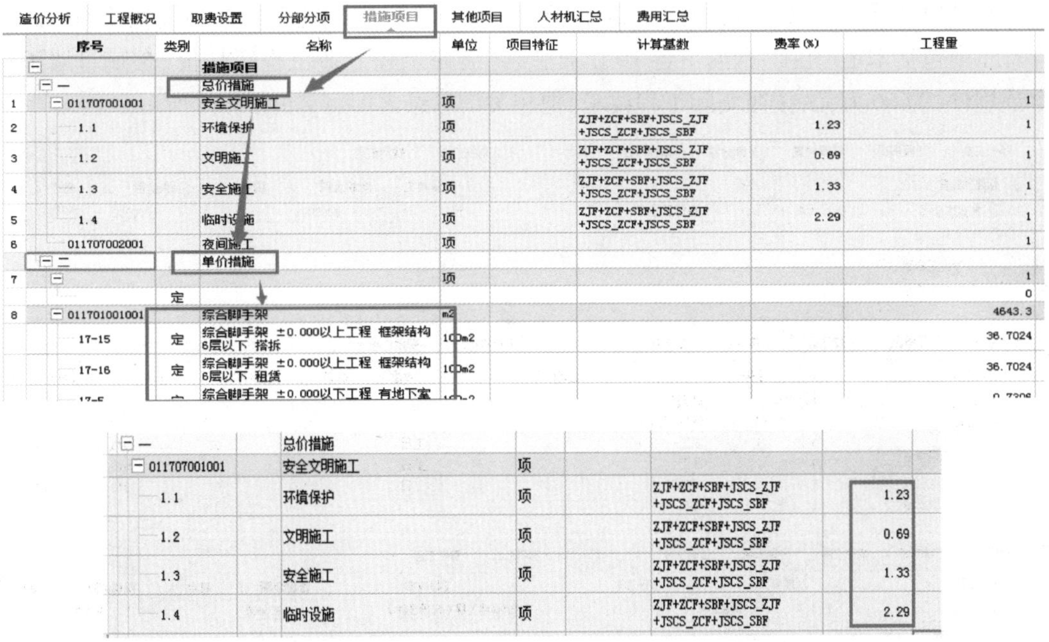

图 3.19　措施项目费计取

【注意】

安装费用根据各章定额费用计取要求取费,主要费用内容有脚手架使用费、操作高度增加费、高层建筑增加费、和生产同时进行增加费、有害环境增加费、系统调试费,形成单价措施费,如图 3.20 所示。

	序号	类别	名称	单位	项目特征	计算基
	17-31	定	天棚装修脚手架(3.6米以上)层高4.5m以内 搭拆	100m2		
	17-32	定	天棚装修脚手架(3.6米以上)层高4.5m以内 租赁	100m2		
15	011702001001		基础	m2	1.基础类型:满堂基础	
	17-44	定	垫层	m2		
	17-49	定	满堂基础 复合模板	m2		
16	011702002001		矩形柱	m2		
	17-58	定	矩形柱 复合模板	m2		
	17-71	定	柱支撑高度3.6m以上每增1m	m2		
17	011702002002		矩形柱 TZ	m2		
	17-58	定	矩形柱 复合模板	m2		
18	011702003001		构造柱	m2		
	17-62	定	构造柱 复合模板	m2		
	17-71	定	柱支撑高度3.6m以上每增1m	m2		
19	011702004001		异形柱	m2	形状:圆形	
	17-67	定	异形柱 复合模板	m2		
	17-71	定	柱支撑高度3.6m以上每增1m	m2		

图 3.20 单价措施费计取

⑥其他项目费计取。本教材案例工程招标控制价中设定土建工程暂列金额为 80 万元,计日工中包括木工、瓦工、钢筋工各 10 日,装饰装修工程专业工程暂估价(玻璃幕墙工程含预埋件)为 60 万元,按照实际工程要求,把相关信息录入即可,如图 3.21 所示。

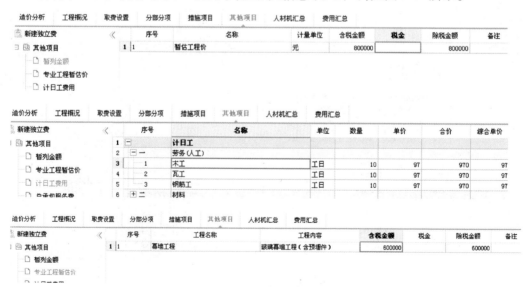

图 3.21 其他项目费计取

（3）人材机汇总

①人材机汇总界面显示。在完成分部分项工程和措施项目费计取后，按照计价程序，要对分部分项工程和措施项目中人、材、机的价差进行调整。GCCP5.0 软件提供了"人材机汇总"界面，在该工作界面下，软件自动将相应单位工程的分部分项工程和措施项目所消耗的定额人、材、机相关信息进行分类汇总，方便用户进行人、材、机消耗量信息的查询及价差的调整，如图 3.22 所示。

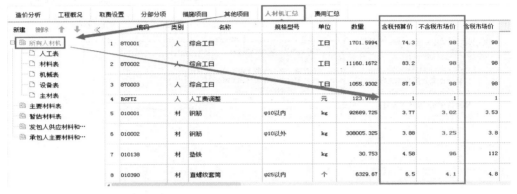

图 3.22　人材机汇总

单击"所有人材机"，软件会显示工程消耗的所有人、材、机信息，还可分别单击"人工表""材料表"等，软件会自动分类汇总相应信息。此外，软件还提供了材料的供货方式、产地、厂家、是否暂估等相关信息的标识，用户可以根据需要输入相应材料信息，如图 3.23 所示。

类别	名称	规格型号	单位	输出标记	三材类别	三材系数	产地	厂家	是否暂估	二次分析	直
材	钢筋	φ10以内	kg	☑	钢筋	0.001			☐		
材	钢筋	φ10以外	kg			0.001					

图 3.23　材料其他信息

②人、材、机价差调整。检查套取所需的信息价，案例工程招标控制价统一采用 2017 年 1 月信息价。安装工程的设备和主材价格，需要在"人材机汇总"界面下，根据市场询价输入，同时根据招标文件要求选择主材及设备的供货方式，如图 3.24 所示。关于人、材、机的价差调整内容及方法在概算部分已作详细介绍，方法相同，在此不再赘述。

图 3.24　人、材、机价差调整

(4)项目自检

对编制的土建、装饰装修、安装工程招标控制价分别进行项目自检。单击工具栏中的"项目自检",在弹出的"设置检查范围"对话框中设置检查范围,确定后设置检查项,再查询检查结果,据此对出现的问题进行修改和完善,如图 3.25 所示。

图 3.25　项目自检

(5)费用汇总

按照招标控制价计价流程,完成人、材、机价差调整之后,根据案例工程要求,整体上检查并核对费率是否计取完全,是否有漏项、是否正确等。因为之前已对分部分项工程、措施项目与其他项目费用进行了计取,所以现在只需设置规费和税金的费率,最后汇总形成该单位工程的建筑安装工程费。工作界面切换到"费用汇总",软件会根据新建单位工程时所选专业及相关工程信息自动套用取费模板,如图 3.26 所示。

	序号	费用代号	名称	计算基数	基数说明	费率(%)	金额
7	3	C	其他项目	QTXMHJ	其他项目合计		802,910.00
8	3.1	C1	其中：暂列金额	暂列金额	暂列金额		800,000.00
9	3.2	C2	其中：专业工程暂估价	专业工程暂估价	专业工程暂估价		0.00
10	3.3	C3	其中：计日工	计日工	计日工		2,910.00
11	3.3.1	C31	其中：计日工人工费	JRRGGF	计日工人工费		2,910.00
12	3.4	C4	其中：总承包服务费	总承包服务费	总承包服务费		0.00
13	4	D	规费	D1 + D2	社会保险费+住房公积金费		277,014.84
14	4.1	D1	社会保险费	A1 + B1 + C31	其中：人工费+其中：人工费+其中：计日工人工费	14.76	201,913.04
15	4.2	D2	住房公积金费	A1 + B1 + C31	其中：人工费+其中：人工费+其中：计日工人工费	5.49	75,101.80
16	4.3	D3	其中：农民工工伤保险费				0.00
17	5	E	税金	A + B + C + D	分部分项工程+措施项目+其他项目+规费	11	867,727.37
18	6		工程造价	A + B + C + D + E	分部分项工程+措施项目+其他项目+规费+税金		8,756,157.97

图 3.26　费用汇总

3.3.4　场景四：造价指标分析

招标控制价编制完成之后，为了确保其编制的合理性，可以利用广联达云计价平台"广联达指标神器"进行造价指标的合理性分析。工程造价指标主要是反映每平方米建筑面积造价，包括总造价指标、费用构成指标，是对建筑、装饰、安装工程各分部分项工程及措施项目费用组成的分析，同时也包含了各专业人工费、材料费、施工机具使用费、企业管理费、利润等费用的构成及占工程造价的比例。

操作过程如下：

①双击"广联达指标神器"图标，选择"计价指标计算"功能进行分析，如图 3.27 所示。

图 3.27　选择"计价指标计算"

②选择需要分析的文件范围。勾选需要分析的文件并进行单位工程的选择，单击"下一步"按钮，如图 3.28 所示。

③确认工程信息。注意所有信息需要补充完善，以免影响分析结果，然后单击"确认"按钮，生成体检结果，如图 3.29 所示。

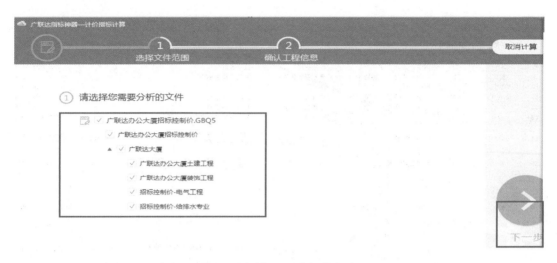

图 3.28　选择需要分析的文件

图 3.29　确认工程信息

④根据体检结果,找出存在的问题,并按照合理性原则,结合成本控制特点及工程具体情况对招标控制价作进一步的修改和完善,其中主要包括分部分项工程的综合单价调整、单方造价指标、主要工程量指标及消耗量指标等, 如图 3.30 所示。

图 3.30　指标分析结果

图 3.30 指标分析结果（续图）

3.3.5 场景五：案例工程导出

上述所有工作完成之后，根据需要可保存并导出全部工程或单位工程招标控制价。导出的文件格式有.GBQ5 与.xml 格式，还可以导出 Excel 与 PDF 文件。导出的.xml格式的工程量清单，提供给投标人用于投标报价。

操作过程如下：

①单击"导入导出"按钮，选择需要导出的内容，如图 3.31 所示。

②单击"电子标"→"生成招标书"，自检后选择导出位置，保存并生成.xml 格式文件，即为电子标文件，如图 3.32 所示。

此外，还可以切换到"报表"界面，批量导出或批量打印 Excel 与 PDF 文件，包括工程量

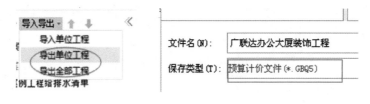

图 3.31 选择导出的内容

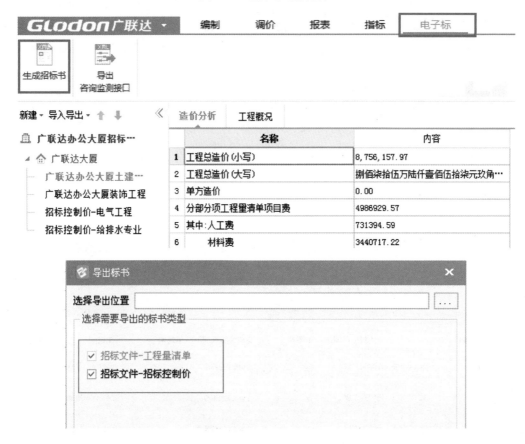

图 3.32 导出招标控制价

清单、招标控制价;还可以使用"导出设置"功能自行设置,以满足用户的不同需求,如图 3.33 所示。

3.3.6 场景六:投标报价编制

根据给定的工程相关文件(算量文件、已编制好的工程量清单等)分别编制土建、装饰装修与安装工程的投标报价。首先研究土建、装饰装修、安装工程的算量文件及工程量清单,结合工程图纸,对给定工程量清单进行分析,找出投标报价编制的主要控制要点及注意事项;然后根据投标报价的编制特点,对提供的各单位工程的工程量清单进行定额套取,各投标人根据项目情况以及企业自身情况并运用报价技巧进行报价调整,编制出合理的投标报价,以求中标。

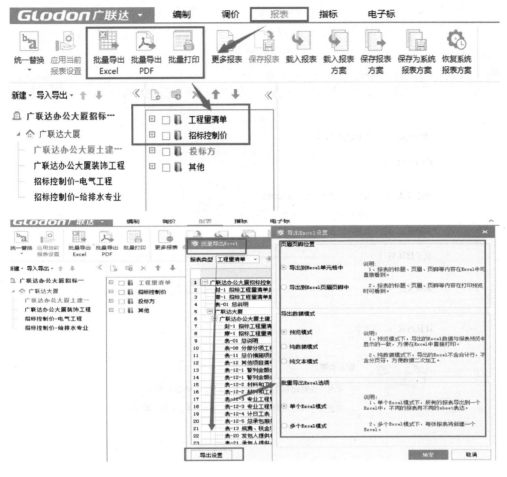

图 3.33　批量导出设置

操作过程如下：

（1）新建投标项目

①与新建招标项目的操作步骤①相同，只是这里选择"新建投标项目"，如图 3.34 所示。

图 3.34　新建投标项目

②与新建招标项目操作步骤②相同,但是需要导入电子招标书。操作方法是:单击"浏览…"按钮,导入由场景五生成的.xml 格式文件,注意需要导入的是工程量清单。另外,本案例工程的价格文件以北京市 2017 年 2 月信息价为例,如图 3.35 所示。

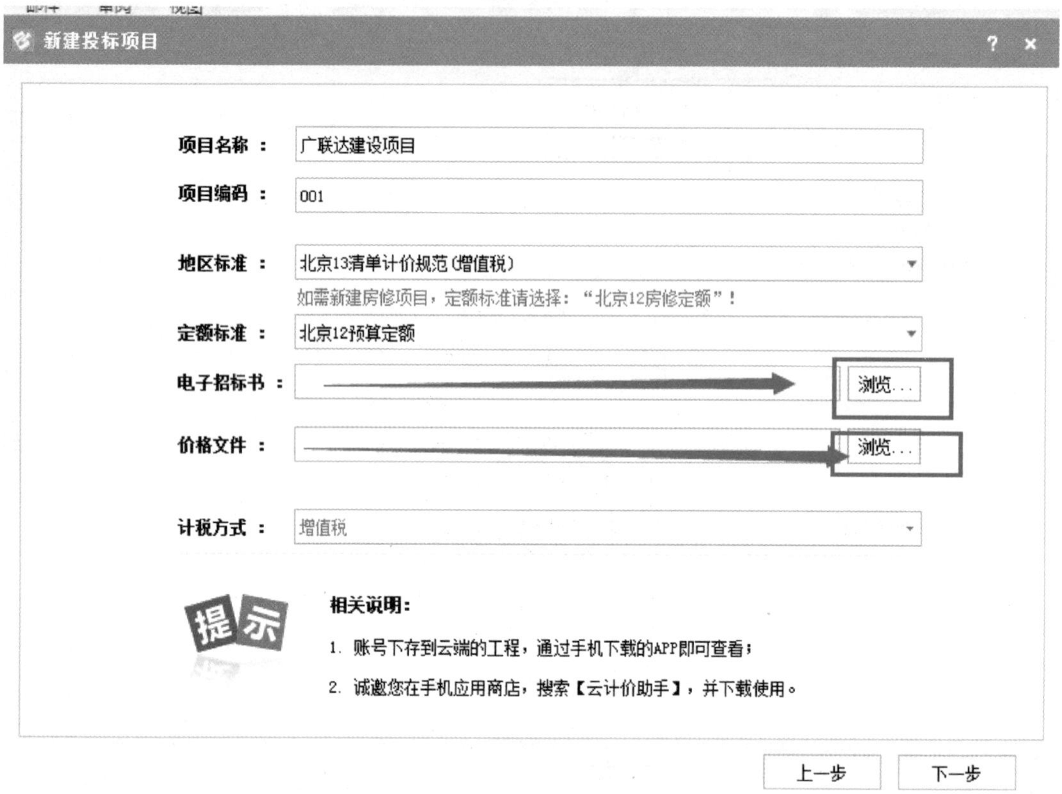

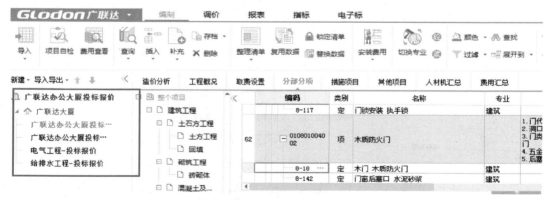

图 3.35　信息填写并导入电子招标书

③电子招标书和价格文件导入后,单击"下一步"按钮,进入投标报价的编制界面,在界面导航栏形成投标工程建设项目三级项目管理体制,至此利用 GCCP5.0 软件完成了投标项目的新建操作,如图 3.36 所示。

图 3.36　新建投标项目完成

(2)取费设置

土建单位工程可以根据案例工程的工程类别、檐高跨度、工程地点,分别对企业管理费及利润计取合适的费率,如图 3.37 所示。该费率也可以在分部分项工程综合单价计取界面进行设置,如图 3.38 所示。

图 3.37 取费设置

(3)定额套取

①分部分项工程费用。该部分内容与招标控制价中该部分内容的定额套取相同。需要注意的是,投标报价的编制要体现投标人的优势,主要区别在于综合单价的计取,本着套取企业定额优先的思路,同时结合企业实际情况,考虑适于工程特点的投标报价策略与技巧,分别对企业管理费、利润及风险费率进行取费,如图 3.38 所示。

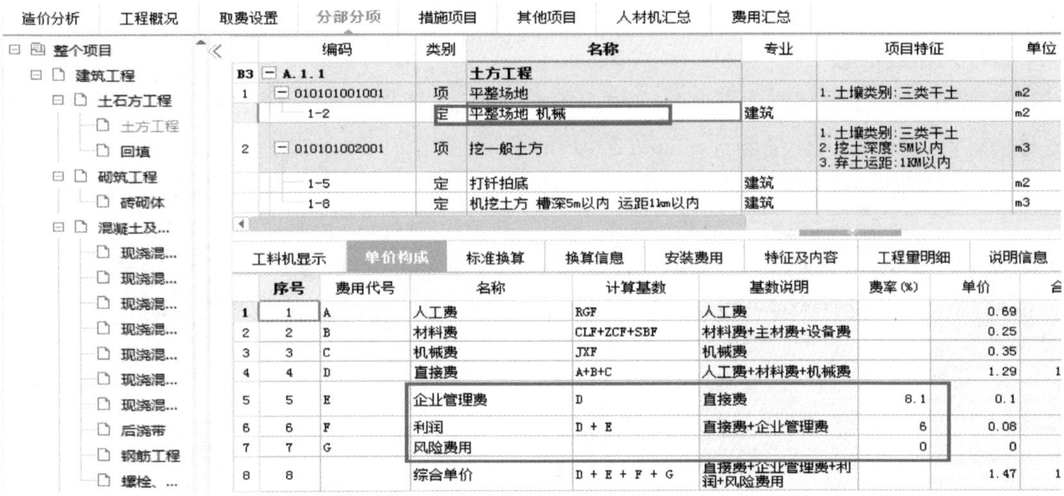

图 3.38 综合单价设置

安装工程需要补充大量设备及主材,因此必须提供设备及主材的价格;同时,对每项定额进行复核,补充主材或设备(适用安装单位工程)。

②措施项目费计取。该部分内容与招标控制价中措施项目费计取的操作过程相同,区别在于所需计取的措施项目应根据招标工程量清单所提供条目进行计算,不能修改;在进行投标报价过程中,要结合项目特点及企业情况,分别计取单价措施与总价措施费率。注意:安装费用根据各章定额费用计取要求取费,形成单价措施费。

③其他项目费计取。本教材案例工程招标文件给定的工程量清单中设定土建工程暂列金额为 80 万元,计日工中包括木工、瓦工、钢筋工各 10 工日,装饰装修工程专业工程暂估价(玻璃幕墙工程含预埋件)为 60 万元,按照要求除计日工可以自行报价外(报价时要结合企业及工程实际情况),其他项目需原样抄录到投标报价文件中,如图 3.39 所示。

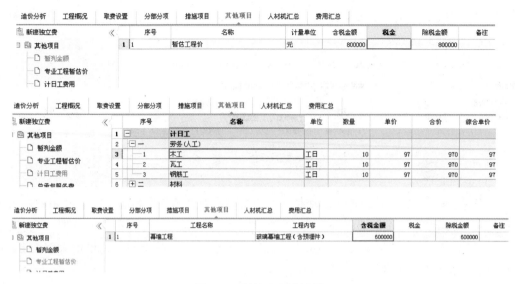

图 3.39　其他项目费设置

（4）人材机汇总

此部分操作过程同招标控制价人材机汇总,只是本案例工程投标报价统一采用 2017 年 2 月信息价,在此不再详细阐述, 如图 3.40 所示。

图 3.40　人材机汇总

（5）项目自检

对编制的土建、装饰装修、安装工程投标报价分别进行项目自检,可自行设置检查项,对出现的问题进行修改和完善,此部分操作过程同招标控制价项目自检, 如图 3.41 所示。

（6）费用汇总

此部分操作过程同招标控制价的费用汇总。根据案例工程要求,整体上检查并核对费率是否计取完全,是否有漏项、是否正确等。根据招标文件的要求确定是否需要增加其他费用,若需要增加,则可在费用汇总表中进行费用项目的增设,如图 3.42 所示。

（7）费用调整

为了争取中标,在满足报价合理、节约成本的情况下,投标人可以运用不同的报价技巧对报价进行调整。常规做法是根据企业自身情况调整人工费、费率（企业管理费费率和利润率）或调整主材及设备价格。

图 3.41　项目自检

	序号	费用代号	名称	计算基数	基数说明	费率(%)
1	1	A	分部分项工程	FBFXHJ	分部分项合计	
2	1.1	A1	其中：人工费	RGF	分部分项人工费	
3	1.2	A2	其中：材料(设备)暂估价	ZGCLF	暂估材料费(从人材机汇总表汇总)	
4	2	B	措施项目	CSXMHJ	措施项目合计	
5	2.1	B1	其中：人工费	ZZCS_RGF+JSCS_RGF	组织措施项目人工费+技术措施项目人工费	
6	2.2	B2	其中：安全文明施工费	AQWMSGF	安全文明施工费	
7	3	C	其他项目	QTXMHJ	其他项目合计	
8	3.1	C1	暂列金额	暂列金额	暂列金额	
9	3.2	C2	其中：专业工程暂估价	专业工程暂估价	专业工程暂估价	
10	3.3	C3	其中：计日工	计日工	计日工	
11	3.3.1	C31	其中：计日工人工费	JRGRGF	计日工人工费	
12	3.4	C4	其中：总承包服务费	总承包服务费	总承包服务费	
13						
14	4	D	规费	D1 + D2	社会保险费+住房公积金费	
15	4.1	D1	社会保险费	A1 + B1 + C31	其中：人工费+其中：人工费+其中：计日工人工费	14.76
16	4.2	D2	住房公积金费	A1 + B1 + C31	其中：人工费+其中：人工费+其中：计日工人工费	5.49

图 3.42　投标报价费用汇总

①调整人工费。调整时以合理范围为准,严禁忽高忽低,以免造成废标,如图 3.43 所示。

	编码	类别	名称	规格型号	单位	数量	含税预算价	不含税市场价	含税市场价	税
1	870001	人	综合工日		工日	1701.5994	74.3	98	98	
2	870002	人	综合工日		工日	11617.8718	83.2	94	94	
3	870003	人	综合工日		工日	1053.0262	87.9	94	94	

图 3.43　人工费调整

②调整费率,包括企业管理费费率、利润率的调整。根据案例工程各分部分项工程的特点,结合企业自身情况,可分别对土建、装饰装修、安装工程的费率进行调整,如图 3.44 所示。

图 3.44　土建、安装费率调整

③调整主材和设备价格。在投标报价时可根据具体市场价格及公司自身情况,调整主材和设备含税市场价格, 此部分适用于安装工程,如图 3.45 所示。

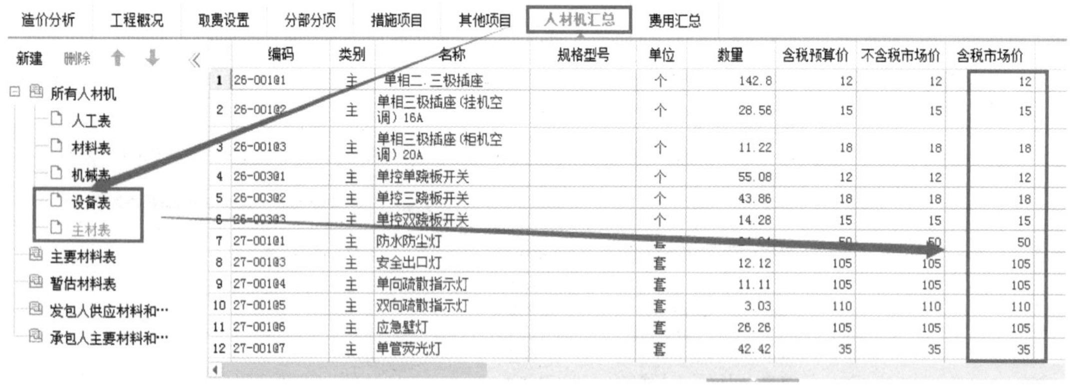

图 3.45　主材和设备价格调整

3.3.7　场景七：造价指标分析

投标报价编制完成之后,为了确保其编制的合理性,可以利用广联达云计价平台"广联达指标神器"进行造价指标的合理性分析,分析的原理、作用及操作过程同场景四,在此不再赘述。

3.3.8　场景八：案例工程导出

根据需要可保存并导出全部工程或所需的单位工程的投标报价文件。导出的格式文件有.GBQ5 格式与.xml 格式(电子投标书),还可以导出 Excel 及 PDF 文件,操作过程同场景五,在此不再赘述。

4　基于 BIM 的工程验工计价

案例背景

广联达科技股份有限公司与某建筑公司签订了广联达办公大厦项目施工总承包合同。按照合同要求,工程总工期为 122 天。其中,开工日期为 2017 年 3 月 1 日,竣工日期为 2017 年 6 月 30 日。

现某建筑公司就该项目进行验工计价。验工计价的目的有两个:一是及时核实施工单位完成的工作量,防止超出计划;二是及时对施工单位进行资金拨付,以保障工程资金使用的合理配置。

假如你是某建筑公司负责该项目验工计价的工程师,请你根据建筑与装饰工程、给排水工程和电气工程四部分工程内容,完成本次验工计价任务。验工计价时,可以假设各施工阶段在各时间段其资源是连续均衡投放的。由于月份有大小之分,验工计价可以按照每月 30 天进行简易计算。

说明: 广联达办公大厦项目施工总承包合同见本书提供的配套教学资源包。

教学目标

1.了解工程验工计价的基本概念;
2.熟悉工程验工计价的内容和基本流程;
3.掌握工程验工计价在 GCCP5.0 软件中的具体应用。

教学重难点

1.教学重点:施工内容的确定、实施进度横道图的绘制、分期的确定。
2.教学难点:工程验工计价在 GCCP5.0 软件中的具体应用。

4.1 验工计价基础知识

4.1.1 验工计价的概念

建设项目的工期一般较长,为了使施工单位在工程建设中尽快回笼所耗用的资金,需要对工程价款进行期中结算,工程竣工之后还需要进行竣工结算。此处提到的期中结算就是验工计价,也称为进度计量与计价。

验工计价是对合同中已完成的合格工程数量或工作,进行验收、计量、计价并核对的总称,又称为工程计量与计价。验工计价是控制工程造价的核心环节,是进行质量控制的主要手段,是进度控制的基础,也是保证业主和承包人合法权益的重要途径。

4.1.2 验工计价的重要性

①验工计价是过程中的结算,是办理工程价款结算的依据,所有价款结算均应在验工计价后进行。

②验工计价涉及工程进度款的发放。

工程进度款是指在施工过程中,施工单位按照本期完成的工程量计算的各项费用总和。根据《建设工程工程量清单计价规范》(GB 50500—2013)计算规则,应对每月完成的实际工程量进行计算,按照中标的工程综合单价、费率等计算出每期完成的工程造价,向建设单位提出申请,建设单位按施工合同约定的工程进度款支付比例支付给施工单位。

对于建设单位而言,支付工程进度款属于投资的控制,建设单位可以从资金、质量、进度等方面对建设工程进行了解和控制,因此为了准确、及时反映建设工程施工情况,就要按期计算工程进度款;对于施工单位而言,工程进度款属于成本的控制,及时计算和申请工程进度款,可以实现成本的良好控制。

4.1.3 验工计价的工作内容、依据及原则

1)验工计价的工作内容

验工计价一般实行按月验工计价,主要工作内容如下:

①确认各个进度周期的形象进度;

②施工单位根据形象进度编制进度款上报资料;

③建设单位与施工单位根据形象进度、进度款上报资料及其他资料确认产值;

④建设单位根据产值及合同约定付款比例支付进度款。

2)验工计价的主要依据

①双方签订的劳务分包合同;

②双方在合同履行期间签订的补充合同条款;

③双方签字确认的"已完合格工程数量表",零星用工、零星用机械台班数量证明材料(必须经派工人员签字、现场负责人确认、项目经理批准)等。

3)验工计价的主要原则

①坚持"先对上,后对下"的计价原则,对下计价数量要严格控制在建设单位(业主)批复的数量内。

②坚持"先验工,后计价"的计价原则,对已完工程先由工程技术部门、质检部门进行质量检查和验收,并出具由工程技术部门和质检部门签发的"已完合格工程数量表",再予以计价。对质量不合格或存在质量隐患的工程应先修复至合格后方可计价。

③坚持按照合同约定,定期或者按照工程进度分段计价的原则。

④坚持严禁超额计价的原则。

4.1.4 验工计价的主要流程

工程验工计价的主要流程如图 4.1 所示。

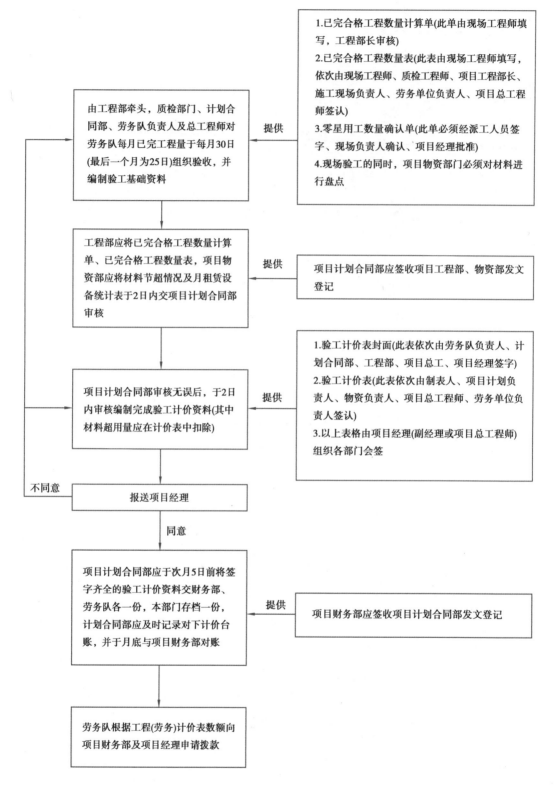

图 4.1　工程验工计价的主要流程

4.2 广联达云计价平台 GCCP5.0 编制工程验工计价的特点和流程

1）期中结算进度报量工作的主要流程

①首先，根据合同文件及现场实际进度情况统计出当期完成的清单工程量，同时还要核对截止计算的时间点前累计完成的清单工程量是否超出合同约定范围。

②其次，对材料进行认价和调整，进行人材机调差。

2）进度报量工作的常用方法

①在进行第一期进度报量时，需要先把合同文件复制一份，删除当期不涉及的清单工程量，保留当期工程量清单，并计算完成的清单工程量，再把需要调差的材料放在 Excel 表中，利用编辑好的公式或人工计算出这部分的材料价差，形成第一期报量文件。

②在进行第二期进度报量时，需要重复上述工作，除了需要计算第二期清单工程量，并进行第二期价差的调整外，还需要计算累计完成工程量和未完成工程量。

③第三期及其以上进度报量都需要重复上述工作。

由此可知，工程项目越大、工期越长，需要进行的进度报量工作就越多，需要统计的数据量就越复杂，期中结算的准确性和可信度就难以保证。因此，我们急需借助软件来帮助我们完成这项庞大而易错的工作。GCCP5.0 软件的验工计价部分，恰好可以帮助我们解决这个问题。GCCP5.0 软件验工计价是以合同文件为基础，将合同文件转换为验工计价文件，显示每期工程量及累计费用，自动统计价差合计，计取税金；可以快速进行人材机调差，以合同数据为依据，快速准确地完成进度报量工作。

GCCP5.0 软件验工计价的操作流程如图 4.2 所示。

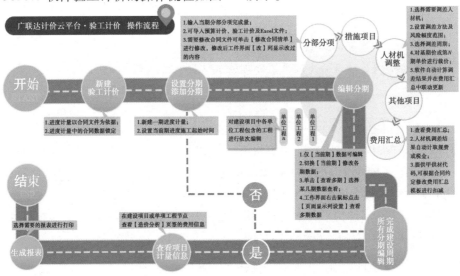

图 4.2　GCCP5.0 软件验工计价的操作流程图

4.3 场景设计

4.3.1 场景一：确定施工内容

①通过广联达办公大厦项目 GCL2013 配套工程,确定本工程的施工内容(涉及分部分项工程和措施项目);

②将施工内容分解为土建、装饰、电气、给排水 4 个部分;

③小组讨论施工内容的完整性和合理性,修改并确定施工内容。

说明:广联达办公大厦项目施工内容见本书提供的配套教学资源包。

4.3.2 场景二：绘制施工进度计划横道图

①通过广联达办公大厦项目 GCL2013 配套工程,汇总本工程所有施工内容的工程量(涉及分部分项工程和措施项目);

②根据施工内容的工程量按月绘制施工进度计划横道图;

③小组讨论施工进度计划横道图的合理性,修改并确定施工进度计划横道图。

说明:广联达办公大厦项目施工进度计划横道图见本书提供的配套教学资源包。

4.3.3 场景三：确定分期

①按照施工进度计划横道图,将 3 至 6 月按月分四期,分别确定当期完成工程量,形成第 1 期至第 4 期验工计价表格;

②小组讨论每期完成工程量的正确性,修改并确定第 1 期至第 4 期验工计价表格。

说明:广联达办公大厦项目第 1 期至第 4 期验工计价表格见本书提供的配套教学资源包。

4.3.4 场景四：新建验工计价文件

GCCP5.0 软件提供了 3 种方法新建验工计价文件:第 1 种为在合同文件(GBQ5 文件)打开的状态下,在"Glodon 广联达"下拉菜单中选择"转为验工计价",如图 4.3 所示;第 2 种为在云计价平台中找到合同文件(GBQ5 文件),单击鼠标右键选择"转为验工计价",如图 4.4 所示;第 3 种为在云计价平台中选择"新建结算项目",如图 4.5 所示。本教材以第 3 种方法为例,介绍新建验工计价文件的操作方法。

说明:合同文件(GBQ5 文件)见本书提供的配套教学资源包。

　　打开 GCCP5.0 软件,单击"新建"→"新建结算项目",在弹出的对话框中单击"新建验工计价",并选择要转换的合同文件,如图 4.6 所示。选择的方法是:单击"选择"按钮,找到合同文件(GBQ5 文件)的存放路径,单击"打开"按钮。然后单击对话框右下角的"新建"按钮,合同文件(GBQ5 文件)就会转换为验工计价文件,工程也随之进入验工计价界面。

图 4.3　新建验工计价文件方法一

图 4.4　新建验工计价文件方法二

图 4.5　新建验工计价文件方法三

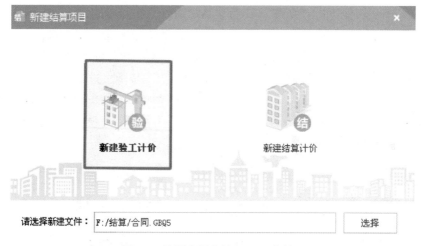

图 4.6　选择合同文件(GBQ5 文件)

【注意】

　　这里需要注意的是,能转换的文件一定是一个项目文件,如果需要将单位工程的预算文件转换为验工计价文件,就需要先新建一个项目,然后将这个单位工程的预算文件添加到项目中进行导入。

4.3.5　场景五：上报分部分项工程量

①新建形象进度。形象进度是按照整个项目的进展情况来呈现的。

　　在项目界面单击"形象进度"按钮,软件默认为第 1 期。首先,修改第 1 期的起至时间为起 2017-03-01,至 2017-03-31;其次,单击"添加分期",软件默认为第 2 期,修改第 2 期的起至时间为起 2017-04-01,至 2017-04-30,如图 4.7 所示。以同样的方法添加第 3 期和第 4 期,起至时间分别为起 2017-05-01,至 2017-05-31 和起 2017-06-01,至 2017-06-30。

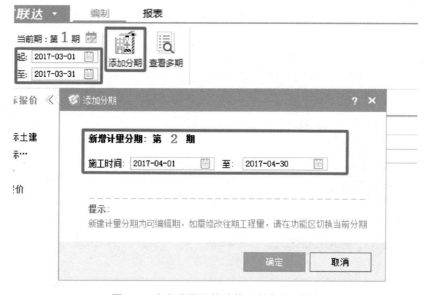

图 4.7　建立分期及修改施工的起至时间

之后,需要在项目名称的子菜单处输入形象进度描述。在"第 1 期"子菜单输入形象进度描述为"3 月","第 2 期"子菜单输入形象进度描述为"4 月","第 3 期"子菜单输入形象进度描述为"5 月","第 4 期"子菜单输入形象进度描述为"6 月",如图 4.8 所示。

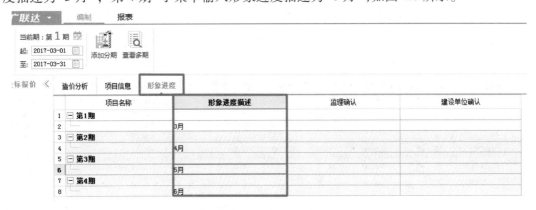

图 4.8 补充形象进度描述

单击切换分期按钮,可以查看并切换已建立好的分期,如图 4.9 所示。

图 4.9 切换分期

②输入清单工程量。此时软件中所有清单的工程量均为 0,需要输入每期包含的所有清单工程量。首先,双击左侧的单位工程——"广联达办公大厦投标土建",切换到"分部分项"界面,再切换分期为"第 1 期",即可输入第 1 期中的所有清单工程量,如图 4.10 所示。

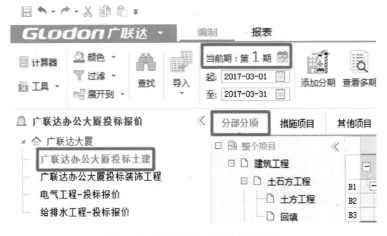

图 4.10 切换到第 1 期的土建工程

输入工程量可以手动输入,也可以批量导入外部数据。下面以平整场地为例,介绍手动输入的方法。从横道图可知,平整场地属于施工前的准备,时间为 3 月 1 日—3 月 5 日,因此它在"第 1 期"的完成量为 100%,在软件中找到平整场地清单项,"第 1 期比例(%)"中输入为"100",软件会自动计算出"第 1 期量""第 1 期合价""累计完成量"和"累计完成合价",如图 4.11 所示。本工程以横道图为依据,根据第 1 期至第 4 期验工计价表格,手动输入工程量。

编码	类别	单位	合同工程量	合同单价	★第1期量	第2期量	★第1期比例(%)	第2期比例	第1期合价	第2期合价	累计完成量	累计完成合价
⊟									1534.22	0		1534.22
⊟ A	部								1534.22	0		1534.22
⊟ A.1	部								1534.22	0		1534.22
⊟ A.1.1	部								1534.22	0		1534.22
⊞ 010101001001	项	m2	1029.68	1.49	1029.68	0.00	100	0	1534.22	0	1029.68	1534.22
⊞ 010101002001	项	m3	5687.28	14.07	0.00	0.00	0	0	0	0	0	0
⊞ 010101004001	项	m3	31.65	19.08	0.00	0.00	0	0	0	0	0	0

图 4.11　手动输入平整场地清单工程量

除了手动输入的方法,软件还提供了 3 种批量导入外部数据的方法,即导入验工计价历史文件(GPV5 文件)、导入预算历史文件(GBQ5 文件)及导入 Excel(Excel 文件),如图 4.12 所示。其中,"导入验工计价历史文件"适用于:总包方的预算人员利用软件编制本期的上报量后,提交给甲方或监理审核,甲方或监理审核并修改后再返给预算人员,预算人员可以将此工程文件利用"导入验工计价历史文件"功能导入软件,实现当期工程量的及时更新。

图 4.12　批量导入外部数据的 3 种方法

③提取未完工程量。若前三期工程量已经输入完成,使用"提取未完工程量"功能,可以直接提取"第 4 期"工程量。单击鼠标右键,选择"提取未完工程量",此时剩余的合同工程量就被快速地提取过来,如图 4.13 所示。软件会自动统计出截至当前"累计完成量""累计完成合价""累积完成比例(%)"以及"未完工程量"。

④查看多期工程量。如果需要将第 1 至 4 期工程量全部显示出来,以便对比工程量,需要单击"查看多期",在弹出的"查看多期"对话框中勾选要查看的分期,单击"确定"按钮,进度期会自动呈现出来,如图 4.14 所示。

⑤红色预警问题项目。当施工单位申报的工程量超过合同工程量时,软件中的数据会自动红色预警显示。通过红色预警项,可以查看出现问题的项目,以便寻找超量原因,如图 4.15 所示。

	编码	类别	第3期量	★第4期量	第1期比例(%)	第2期比例(%)
3	+ 010101004001	项	0.00	0.00	100	0
B3	− A.1.3	部				
4	+ 010103001001	项	0			00
5	+ 010103001002	项	0.00			00
B2	− A.4	部				
B3	− A.4.1	部				
6	+ 010401003001	项	26.88			0
7	+ 010401003002	项	0.55			0
8	+ 010401008001	项	100.25			58
9	+ 010401008002	项	251.70			49
10	+ 010401008003	项	6.05			06
11	+ 010401008004	项	18.23	0.00	0	0

右键菜单:
页面显示列设置
隐藏清单
取消隐藏
插入批注
提取未完工程量
批量设提取未完工程量
复制格子内容　Ctrl+Shift+C

图 4.13　提取未完工程量

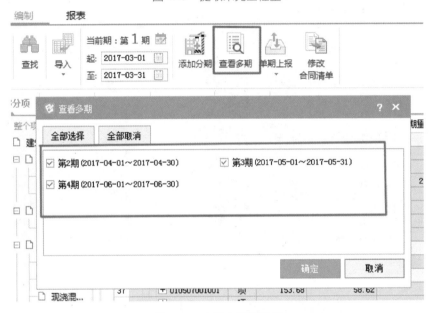

图 4.14　查看多期工程量

编码	类别	第3期合价	第4期合价	累计完成量	累计完成合价	累计完成比例(%)	未完工程量
+ 010801001001	项	23432.64	18746.11	75.6	42178.75	100	0
+ 010801001002	项	10256.27	22221.93	59.85	32478.2	100	0
+ 010801004001	项	2207.24	1471.49	5.5	3678.73	100	0
+ 010801004002	项	8950.03	5966.69	24	14916.72	200	−12
− A.8.2	部	21519.25	18853.33		40372.58		
+ 010802001001	项	2734.52	2734.52	12.6	5469.04	200	−6.3
+ 010802001002	项	3122.41	3122.41	12.6	6244.82	200	−6.3
+ 010802003001	项	10830.33	12996.4	27.72	23826.73	100	0
+ 010802003002	项	1974.99	0	2.1	1974.99	105	−0.1
+ 010802003003	项	2857	0	3.78	2857	100	0
− A.8.7	部	146673.55	211345.34		358018.89		
+ 010807001001	项	44447.71	96976.83	170.1	141424.54	100.06	−0.1
+ 010807001002	项	86161.19	86161.19	311.04	172322.38	100.01	−0.04
+ 010807001003	项	6730.53	0	8.1	6730.53	100	0
+ 010807001004	项	0	5384.43	6.48	5384.43	112.5	−0.72
+ 010807001005	项	0	3589.62	4.32	3589.62	100	0
+ 010807001006	项	0	565.04	0.68	565.04	100	0
+ 010807007001	项	9334.12	18668.23	43.74	28002.35	100	0
− A.9	部	334755.95	7619.9		660328.81		

图 4.15　红色预警问题项目

4.3.6 场景六：上报措施项目工程量

①将界面切换至“措施项目”，再切换分期为“第 1 期”，在措施项目中有“计量方式”这一列，可以全部选中措施项目清单，对计量方式进行统一调整，也可单独进行逐条调整。

②修改总价措施中安全文明施工的计量方式。根据合同约定，过程中工程计量应不考虑安全文明施工费，安全文明施工费在开工前一次性 100%拨付，过程中不抵扣，直到竣工结算时，才会根据完成的总工程量，重新核定安全文明施工费的支付情况。由于安全文明施工费在进场前，建设单位已经一次性拨付给施工单位，过程中又不进行抵扣，所以在期中结算时，各月进度款应不包含安全文明施工费。因此，安全文明施工包括的措施项目的计量方式选择“手动输入比例”，这样，第 1 期合价至第 4 期合价均为零，满足实际情况，如图4.16所示。

分部分项 | 措施项目 | 其他项目 | 人材机调整 | 费用汇总

序号	类别	名称	单位	组价方式	计算基数	基数说明	费率(%)	合同工程量	合同单价	★计量方式	第1期合价	第2期合价	第3期合价	★第4期合价
一		总价措施									0	0	0	0
011707001001		安全文明施工	项	子措施组价				1	345696.84		0	0	0	0
1.1		环境保护	项	计算公式组价	ZJF+ZCF+SBF+JSCS_ZJF+JSCS_ZCF+JSCS_SBF	分部分项直接费+分部分项主材费+分部分项设备费+技术措施项目直接费+技术措施项目主材费+技术措施项目设备费	1.23	1	76752.19	手动输入比例	0	0	0	0
1.2		文明施工	项	计算公式组价	ZJF+ZCF+SBF+JSCS_ZJF+JSCS_ZCF+JSCS_SBF	分部分项直接费+分部分项主材费+分部分项设备费+技术措施项目直接费+技术措施项目主材费+技术措施项目设备费	0.69	1	43056.11	手动输入比例	0	0	0	0
1.3		安全施工	项	计算公式组价	ZJF+ZCF+SBF+JSCS_ZJF+JSCS_ZCF+JSCS_SBF	分部分项直接费+分部分项主材费+分部分项设备费+技术措施项目直接费+技术措施项目主材费+技术措施项目设备费	1.33	1	82992.2	手动输入比例	0	0	0	0
1.4		临时设施	项	计算公式组价	ZJF+ZCF+SBF+JSCS_ZJF+JSCS_ZCF+JSCS_SBF	分部分项直接费+分部分项主材费+分部分项设备费+技术措施项目直接费+技术措施项目主材费+技术措施项目设备费	2.29	1	142896.34	手动输入比例	0	0	0	0

图 4.16 安全文明施工包括的措施项目的计量方式

③修改总价措施中通用措施费的计量方式。通用措施费中，所有以“项”为单位的措施费都是按照一定的“取费基数×费率”来计算的，在进度计量时应维持这一原则。在实际情况下，通用措施费会随着清单项实体工作量的变化而变化。因此，通用措施费包括的措施项目的计量方式选择“按分部分项完成比例”，如图 4.17 所示。

分部分项 | 措施项目 | 其他项目 | 人材机调整 | 费用汇总

序号	类别	名称	单位	组价方式	计算基数	基数说明	费率(%)	合同工程量	合同单价	★计量方式
1.4		临时设施	项	计算公式组价	ZJF+ZCF+SBF+JSCS_ZJF+JSCS_ZCF+JSCS_SBF	分部分项直接费+分部分项主材费+分部分项设备费+技术措施项目直接费+技术措施项目主材费+技术措施项目设备费	2.29	1	142896.34	手动输入比例
011707002001		夜间施工	项	计算公式组价				1	0	按分部分项完成比例
011707003001		非夜间施工照明	项	计算公式组价				1	0	按分部分项完成比例
011707004001		二次搬运	项	计算公式组价				1	0	按分部分项完成比例
011707005001		冬雨季施工	项	计算公式组价				1	0	按分部分项完成比例
011707006001		地上、地下设施、建筑物的临时保护设施	项	计算公式组价				1	0	按分部分项完成比例
011707007001		已完工程及设备保护	项	计算公式组价				1	0	按分部分项完成比例

图 4.17 通用措施包括的措施项目的计量方式

④修改单价措施中所有项目的计量方式。在实际情况下,单价措施费会随着清单项实体工作量的变化而变化。因此,单价措施包括的措施项目的计量方式选择"按分部分项完成比例",如图 4.18 所示。

图 4.18　单价措施包括的措施项目的计量方式

⑤如需要在软件中体现措施项目的明细,首先需要将其计量方式改为"按实际发生",再单击"编辑费用明细",在弹出的对话框中第一行位置处单击鼠标右键选择"插入费用行",输入"序号""名称""单位""第×期量"和"第×期单价",如图 4.19 所示。

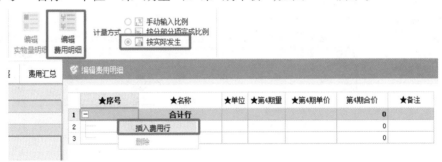

图 4.19　编辑费用明细

4.3.7　场景七:上报其他项目工程量

①将界面切换至"其他项目",再切换分期为"第 1 期",在其他项目中有"计量方式"这一列,可以全部选中其他项目清单,对计量方式进行统一调整,也可单独进行逐条调整。值得注意的是,根据合同约定,暂列金额和专业工程暂估价由于都是暂估金额,在进度计量时不宜计算进度款。

但出现以下情况可以作为进度款计量:

a.暂列金额和专业工程暂估价已经实际发生;

b.暂列金额和专业工程暂估价部分已经建设单位根据图纸、合同确认具体金额。

以上两个条件均需满足,方能作为进度款进行计量,否则应纳入结算款调整范畴。

②由合同可知,暂列金额为 80 万元,因此暂列金额的计量方式选择"手动输入比例",并保证第 1 期比例至第 4 期比例均为零,如图 4.20 所示。

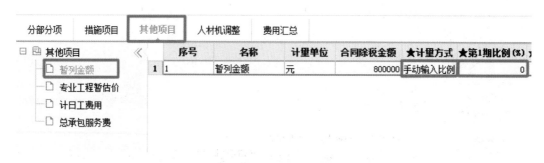

图 4.20　选择暂列金额的计量方式

③由合同可知,60 万元的幕墙工程为专业工程暂估价,因此专业工程暂估价的计量方式选择"手动输入比例",并保证第 1 期比例至第 4 期比例均为零,如图 4.21 所示。

图 4.21　选择专业工程暂估价的计量方式

④根据劳动力计划,手动输入计日工费用中各期工程量,如图 4.22 所示。

	名称	单位	合同数量	合同单价	合同合价	合同综合单价	合同综合合价	★第1期量
1	计日工						2820	
2	劳务(人工)						2820	
3	木工	工日	10	94	940	94	940	0
4	瓦工	工日	10	94	940	94	940	0
5	钢筋工	工日	10	94	940	94	940	0

图 4.22　输入计日工费用中各期工程量

4.3.8　场景八:人材机调整

1) 设置风险幅度范围

合同约定:"钢材、混凝土、电缆、电线材料价格变化幅度在±5%以内(含)由承包人承担或受益。上述未涉及的其他材料、机械,价格变化的风险也全部由承包人承担或受益。人工费价格变化幅度在±5%以内(含)由承包人承担或受益"。由合同可知,风险幅度范围为±5%以内(含)。

将界面切换至"人材机调整",单击"风险幅度范围",在弹出的"设置风险幅度范围"对话框中输入合同约定的风险幅度范围,即-5%~5%,如图 4.23 所示。

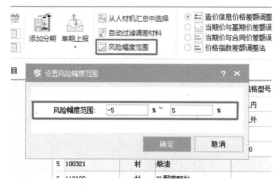

图 4.23　设置风险幅度范围

2) 确定调差方法

软件中有 4 种调差方法,即造价信息价格差额调整法、当期价与基期价差额调整法、当期价与合同价差额调整法、价格指数差额调整法,可以根据工程实际情况进行选择。这里采用"造价信息价格差额调整法",如图4.24所示。

图 4.24　4 种调差方法

3) 进行人工调差

首先进行人工调差。单击左侧"人工调差",再单击"从人材机汇总中选择",在弹出的"从人材机汇总中选择"对话框中对所有人、材、机进行过滤。现在只需对人工进行调差,因此只勾选"人工",然后按照合同约定,选择需要调整的人工,勾选完毕后单击"确定"按钮,如图 4.25 所示。工程中,如果个别风险幅度范围不一致,可以双击风险幅度范围,在弹出的"风险幅度范围"对话框中进行修改,如图4.26所示。

图 4.25　人工调差

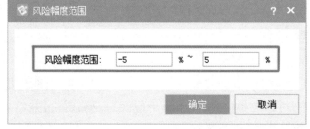

图 4.26　个别修改风险幅度范围

4) 进行材料调差

接着进行材料调差。单击左侧"材料调差",有两种方法可以进行材料调差:一是选择

"从人材机汇总中选择",对所有人、材、机进行过滤,现在只需对材料进行调差,因此只勾选"材料",然后按照合同约定,选择需要调整的主材进行调差;二是选择"自动过滤调差材料",在弹出的"自动过滤调差材料"对话框中显示出 3 种设置方式,此处选择"合同计价文件中主要材料、工程设备",如图 4.27 所示。

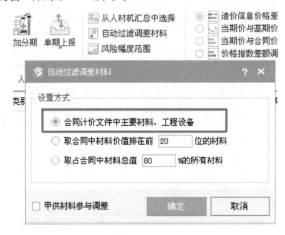

图 4.27　材料调差

需要特别注意,对于原投标报价中材料价波动的调整,应考虑以下 3 种因素:

①钢材、混凝土、电缆、电线及人工费应考虑风险幅度范围影响;

②其他材料,不需要考虑风险幅度范围,正常情况下按照信息价调整即可;

③如果甲方对某项提高档次进行了单独认价,则应按认价进行调整。

5)设置调差周期

某些工程在进度报量过程中,会要求每半年或一季度对材料统一调差一次,遇到这种情况时可以单击"设置调差周期"进行调差周期设置,如图 4.28 所示。

图 4.28　设置调差周期

6)确定材料价格

确定材料价格有以下两种方法:

第一种方法是通过批量载价来完成。单击"载价",选择"当期价批量载价",在弹出的"批量载价"对话框中,可以选择信息价、市场价以及专业测定价,并需要选择要载入的价格的具体时间,工程中如果涉及"加权平均"和"量价加权",可以单击相应的复选框,如图4.29和图 4.30 所示。

图 4.29　载价

图 4.30　选择"加权平均"及"量价加权"

第二种方法为手动输入,可以手动输入某一材料的价格。若单元格的底色变为黄色,则说明风险幅度超过设置的风险幅度范围,对于超出部分,软件会自动计算出单位价差、价差合计和累计价差,如图 4.31 所示。

编码	类别	名称	规格型号	单位	★不含税基期价	★含税基期价	★结算税率(%)	★第3期不含税单价	★第3期含税单价	★风险幅度范围(%)	第3期单价涨/跌幅(%)	第3期单位价差	第3期价差合计	累计价差
840004	材	其他材…		元	1	1	0	1	1	(-5,5)	0	0	0	0
840006	材	水		t	6.21	6.21	0	6.21	6.21	(-5,5)	0	0	0	0
840007	材	电		kw.h	0.98	0.98	0	0.84	0.98	(-5,5)	-14.29	-0.091	-1424.59	-4273.77
840027	材	摊销材…		元	1	1	0	1	1	(-5,5)	0	0	0	0
400001	商砼	C25预拌…		m3	390	400	0	390	400	(-5,5)	0	0	0	71.37

图 4.31　风险幅度超过设置的风险幅度范围显示黄色

通过"载价"或者"手动输入"这两种方法确定材料价格后,切换到"费用汇总"界面,在"价差税金"处,第 1 期合价是有数据的,但是在"价差规费"处,第 1 期合价的数据为零,如图 4.32 所示。如果规费也需要取价差,此时需要切换至"人材机调整"界面,单击"价差取费设置",把"材料"的计费模式改为"计规费和税金",再单击"确定"按钮即可,如图 4.33 所示。重新回到"费用汇总"界面查看,此时规费也计取了价差。

	★序号	★费用代号	★名称	★计算基数	★基数说明	★费率(%)	合同金额	第1期合价
19	⊟ 7	JCHJ	价差取费合计	JDJC+JCGF+JCSJ	进度价差+价差取费+价差税金		0.00	-6,639.65
20	7.1	JDJC	进度价差	JL_JDJCHJ	验工计价差合计		0.00	-5,981.67
21	⊞ 7.2	JCGF	价差规费	JCD1+JCD2+JCD3	价差取社会保险费+价差取住房公积金费+价差取其中：农民工工伤保险费		0.00	0.00
25	7.3	JCSJ	价差税金	JDJC+JCGF	进度价差+价差规费	11	0.00	-657.98

图 4.32　查看费用汇总

图 4.33　修改"材料"的计费模式为"计规费和税金"

4.3.9　场景九：查看造价分析

单击"造价分析"，可以查看土建、装饰、电气、给排水各单位工程的合同金额，验工计价中累计已完金额、已完比例（％），人材机调整金额，累计完成（含人材机调整）金额。从造价分析中可以看出，装饰、电气、给排水各单位工程的验工计价已完成，而土建工程的验工计价未完成，已完比例为96.29%，这是因为根据施工图计算出的钢筋和钢筋接头的工程量与合同中的工程量不一样所致，如图 4.34 所示。

	序号	项目名称	合同金额	验工计价（不含人材机调整）累计已完	已完比例（%）	人材机调整 合计	累计完成（含人材机调整）
1	1	广联达办公大厦投标土建	8594418.41	8275444.9	96.29	37351.69	8312796.59
2	2	广联达办公大厦投标装饰工程	3910660.79	3910736.24	100	84469.77	3995206.01
3	3	电气工程-投标报价	478825.28	479446.99	100.13	923.99	480370.98
4	4	给排水工程-投标报价	219741.21	219741.19	100	700.8	220441.99
5							
6		合计	13203645.69	12885369.32	97.59	123446.25	13008815.57

图 4.34　查看造价分析

4.3.10　场景十：修改合同清单

在实际工程施工过程中,可能会遇到工程有大的变更或补充协议,甲方要求修改合同的情况。修改合同清单的方法如下:

①单击"修改合同清单",显示出修改合同清单页面,如图 4.35 所示。

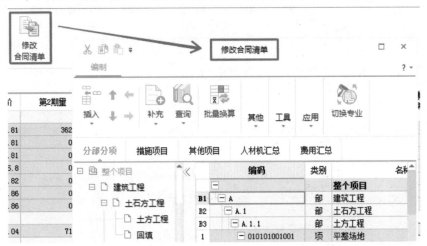

图 4.35　修改合同清单

②在打开的合同清单中,可以插入和删除清单及子目,如图 4.36 所示;可以进行批量换算,如图 4.37 所示;也可以直接进行个别修改,如"含量""工程量""综合单价"及"工料机显示"中的"含量""数量""含税预算价""不含税市场价"等,如图 4.38 所示。

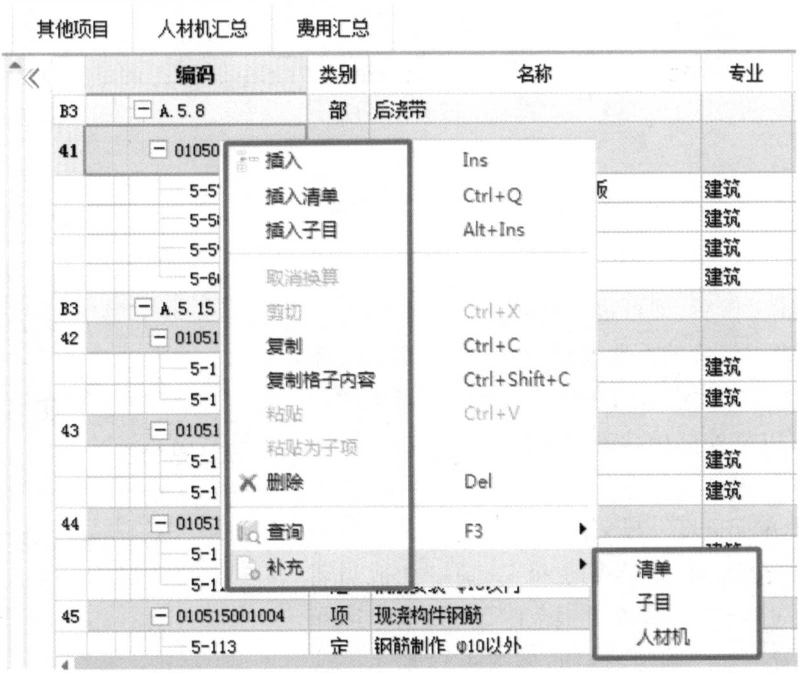

图 4.36　插入和删除清单及子目

图 4.37　批量换算

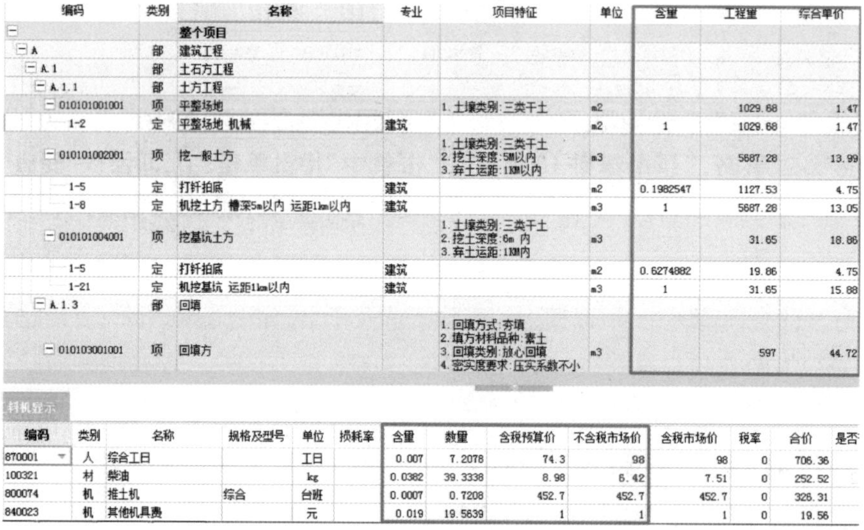

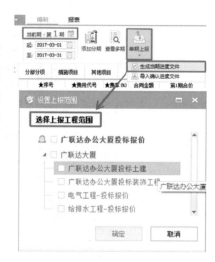

图 4.38　个别修改

4.3.11　场景十一：进度报量，输出报表

1)导入及导出进度报量文件

完成上述工作后,即可进行进度报量。单期进度报量文件是验工计价的重要文件,也是后续竣工结算的重要文件之一。我们可以在软件中导出所需单期进度文件,也可以将外部确认进度文件导入软件。具体操作方法如下:

(1)导出单期进度上报文件

选择所需分期,单击"单期上报",选择"生成当期进度文件",在弹出的"设置上报范围"对话框中选择上报工程范围,单击"确定"按钮,如图 4.39 所示。软件会弹出"导出单期上报工程"对话框,文件名自动默认为"广联达办公大厦投标报价(第 1 期进度)",单击

图 4.39　选择上报工程范围

"保存"按钮,如图 4.40 所示。软件会提示"导出上报工程完成!",单击"确定"按钮即可。

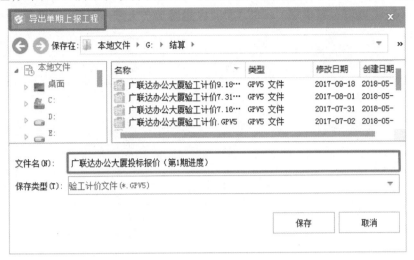

图 4.40　导出单期进度上报文件

(2)导入确认进度文件

选择所需分期,单击"单期上报",选择"导入确认进度文件"(图 4.41),在弹出的对话框中选择文件并单击"确定"按钮即可完成进度文件的导入。

图 4.41　导入确认进度文件

2)查看并输出报表

单击左侧建立好的项目、单项工程或单位工程名称,再单击"报表",可以查看工程所需报表,并进行批量导出及打印,如图 4.42 所示。

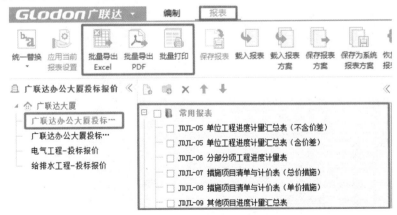

图 4.42　查看并输出报表

5 基于 BIM 的工程结算计价

案例背景

某建筑公司已经进行了 4 期验工计价,现项目处于收尾即将竣工阶段,需要就该项目进行结算计价。假如你是某建筑公司负责该项目结算计价的工程师,请你完成本次工程的结算计价任务。

教学目标

1.了解工程结算计价的基本概念;

2.熟悉工程结算计价的工作内容和主要流程;

3.掌握工程结算计价在 GCCP5.0 软件中的具体应用。

教学重难点

1.教学重点:工程结算计价的主要流程。

2.教学难点:工程结算计价在 GCCP5.0 软件中的具体应用。

5.1 结算计价基础知识

5.1.1 结算计价的概念

工程竣工结算是指某单项工程、单位工程或分部分项工程完工后,经验收质量合格并符合合同要求后,承包人向发包人进行的最终工程价款结算的过程。建设工程竣工结算的主要工作是发包人和承包人双方根据合同约定的计价方式,并依据招投标的相关文件、施工合同、竣工图纸、设计变更通知书、现场签证等,对承发包双方确认的工程量进行计价。

工程竣工结算是工程造价管理的最后一环,也是最重要的一环。它是承包人总结工作经验教训、考核工程成本和进行经济核算的依据,也是总结、提高和衡量企业管理水平的标准。工程竣工结算一般分为单位工程竣工结算、单项工程竣工结算和建设项目竣工总结算3 种。

工程竣工结算依据合同内容划分为合同内结算和合同外结算。合同内结算包括分部分项、措施项目、其他项目、人材机价差、规费、税金;合同外结算包括变更、签证、工程量偏差、索赔、人材机调差等。

办理工程竣工结算,要遵循以下基本原则:

①任何工程的竣工结算,必须在工程全部完工、经提交验收并提出竣工验收报告以后方可进行。对于未完工程或质量不合格者,一律不得办理工程竣工结算。对竣工验收过程中

提出的问题,未经整改或已整改而未经重新验收认可者,也不得办理工程竣工结算。

②工程竣工结算的各方,应共同遵守国家有关法律、法规、政策方针和各项规定。

③应强调合同的严肃性。合同是工程竣工结算最直接、最主要的依据之一,应全面履行工程合同条款,包括双方根据工程实际情况共同确认的补充条款;同时,应严格执行双方签订的合同内容,包括综合单价、工料单价及取费标准和材料、设备价格及计价方法等,不得随意变更,变相违反合同以达到某种不正当目的。

④办理工程竣工结算必须依据充分、基础资料齐全,包括设计图纸、设计修改手续、现场签证单、价格确认书、会议记录、验收报告和验收单、其他施工资料、原施工图预算和报价单、甲供材料、设备清单等,保证工程竣工结算建立在事实基础之上。

5.1.2 结算计价的工作内容

1)结算计价的主要工作

①整理结算依据;

②计算和核对结算工程量;

③对合同内外各种项目计价(人材机调差,签证、变更资料上报等);

④按要求格式汇总整理形成上报文件。

2)结算计价的重点工作

进行工程竣工结算,需要进行工程量量差、材料价差和费用调整。

(1)工程量量差的调整

工程量的量差是指实际完成工程量与合同工程量的偏差,包括施工情况与地勘报告不同、设计修改与漏项而增减的工程量,现场工程签证、变更等。工程量的量差是编制竣工结算的主要部分。

这部分量差一般由以下原因造成:

①设计单位提出的设计变更。工程开工后,由于某种原因,设计单位要求改变某些施工方法,经与建设单位协商后,填写"设计变更通知单",作为结算时增减工程量的依据。

②施工单位提出的设计变更。此种情况比较多见,由于施工方面的原因,如施工条件发生变化、某种材料缺货需改用其他材料代替等,要求设计单位进行设计变更。经设计单位和建设单位同意后,填写"设计变更洽商记录",作为结算时增减工程量的依据。

③建设单位提出的设计变更。工程开工后,建设单位根据自身的意向和资金到位情况,增减某些具体工程项目或改变某些施工方法。经与设计单位、施工单位、监理单位协商后,填写"设计变更洽商记录",作为结算时增减工程量的依据。

④监理单位或建设单位工程师提出的设计变更。此种情况是因为发现有设计错误或不足之处,经设计单位同意提出设计变更。

⑤施工中遇到某种特殊情况引起的设计变更。在施工中由于遇到一些原设计无法预计的情况,如基础开挖后遇到古墓、枯井、孤石等要进行处理。设计单位、建设单位、施工单位、

监理单位要共同研究,提出具体处理意见,同时填写"设计变更洽商记录",作为结算时增减工程量的依据。

（2）材料价差的调整

材料价差是指由于人材机市场价的波动、由于工艺变更导致综合单价的变化、由于清单工程量超过风险幅度约定范围导致的综合单价的调整（由量差导致的价差）。在工程竣工结算中,材料价差的调整范围应严格按照合同约定办理,不允许擅自调整。

由建设单位供应并按材料预算价格转给施工单位的材料,在工程竣工结算时不得调整。由施工单位采购的材料进行价差调整,必须在签订合同时明确材料价差的调整方法。

（3）费用调整

费用调整是指以直接费或人工费为计费基础计算的其他直接费、现场经费、间接费、计划利润和税金等费用的调整。工程量的增减变化会引起措施费、间接费、利润和税金等费用的增减,这些费用应按当地费用定额的规定作相应调整。

各种材料价差一般不调整间接费。因为费用定额是在正常条件下制定的,不能随材料价格的变化而变动。但各种材料价差应列入工程预算成本,按当地费用定额的规定,计取计划利润和税金。

其他费用,如属于政策性的调整费、因建设单位原因发生的窝工费用、建设单位向施工单位的清工和借工费用等,应按当地规定的计算方式在结算时一次清算。

5.1.3 结算计价的主要流程

结算计价的主要流程如图 5.1 所示。

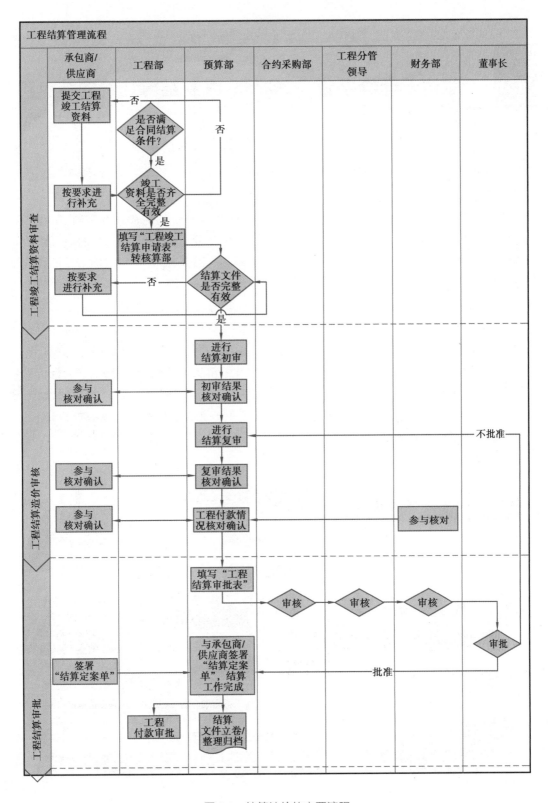

图 5.1 结算计价的主要流程

5.2 广联达云计价平台 GCCP5.0 编制结算计价的特点和流程

对于结算工程量而言,我们常常考虑以下问题:

①验工计价文件是否能转为结算文件?

②清单工程量是否超出合同范围? 对超出部分的综合单价如何计算?《建设工程工程量清单计价规范》(GB 50500—2013)中明确说明,清单工程量偏差低于15%的综合单价不予调整,超出15%的超出部分的综合单价需要进行调整。因此,需要把每一项清单的合同工程量和结算工程量进行对比,再找出偏差大于15%的清单项,重新计算这些清单项的综合单价,除此之外还要考虑人材机价差的调整。这是一项非常繁重而易错的工作。

③如何考虑合同外的费用及变更、签证等? 通常情况下,一个项目的变更、签证成百上千条,如果需要把每一条相关的合同外费用都一一统计出来,将是一项非常庞大而繁重的工作。

借助 GCCP5.0 软件的结算计价部分,可以帮助我们解决上述问题。首先,在云计价平台结算部分可以直接将验工计价文件转换为结算文件。当结算方式为一次性结算时,就需要重新对工程的量价进行核实,这时也可以将合同文件转换为结算文件。其次,软件可以自动进行量差对比和价差调整。再次,软件可以进行合同外相关费用的输入和计算。

GCCP5.0 软件结算计价操作流程如图 5.2 所示。

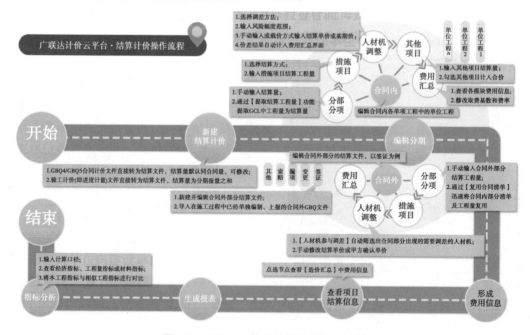

图 5.2　GCCP5.0 软件结算计价操作流程

5.3 场景设计

5.3.1 场景一：新建结算计价文件

新建结算计价文件有以下两种方法。

1) 将合同文件转为结算计价文件

打开 GCCP5.0 软件,单击"新建"按钮,选择"新建结算项目"(图 5.3),在弹出的"新建结算项目"对话框中选择"新建结算计价",单击"选择"按钮找到合同文件并单击"打开"按钮,然后单击对话框右下角"新建"按钮,工程就进入到结算计价的界面,如图 5.4 所示。

图 5.3 将合同文件转为结算计价文件

图 5.4 新建结算计价文件

2) 将验工计价文件转为结算计价文件(本教材使用此种方法)

打开 GCCP5.0 软件,找到验工计价文件,单出鼠标右键,在下拉菜单中选择"转为结算计价",工程就进入到结算计价的界面,如图 5.5 所示。

图 5.5 将验工计价文件转为结算计价文件

5.3.2 场景二：调整合同内造价

①合同中写明："已标价工程量清单中有适用于变更工程项目的，且工程变更导致该清单项目的工程数量变化不足 15% 时，采用该项目的单价。"因此，需要根据合同要求确定工程量偏差预警范围，本案例工程为-15%～15%。

首先单击左侧已建立好的单位工程名称，如"广联达办公大厦投标土建"，然后单击"Glodon 广联达"按钮，在下拉菜单中选择"选项"，在弹出的"选项"对话框中选择"结算设置"，修改工程量偏差的幅度与合同一致，如图 5.6 所示。

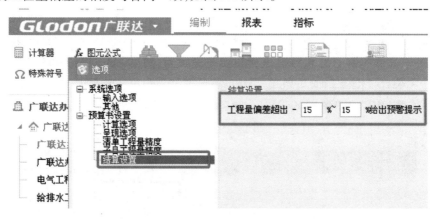

图 5.6 修改工程量偏差幅度

②合同中写明："已标价工程量清单中没有适用也没有类似于变更工程项目的，由承包人根据变更工程资料、计量规则和计价办法、工程造价管理机构发布的信息（参考）价格和承包人报价浮动率，提出变更工程项目的单价或总价，报发包人确认后调整。承包人报价浮动率 $L=(1-$ 中标价/招标控制价$)\times 100\%$，计算结果保留小数点后两位（四舍五入）。"因此，需要确定结算工程量，查看超出 15% 红色预警项，发现"机械连接"的合同工程量和结算工程量量差比例超过了 15%，此时应对超出部分的综合单价进行调整，如图5.7所示。

	编码	类别	名称	单位	合同工程量	★结算工程量	合同单价	结算合价	量差	量差比例(%)
53	+ 010516003001	项	机械连接 ⌀16	个	1021	88	9.55	840.4	-933	-91.38
54	+ 010516003002	项	机械连接 ⌀18	个	48	60	9.55	573	12	25
55	+ 010516003003	项	机械连接 ⌀20	个	3059	104	9.55	993.2	-2955	-96.6
56	+ 010516003004	项	机械连接 ⌀22	个	570	60	9.55	573	-510	-89.47
57	+ 010516003005	项	机械连接 ⌀25	个	812	1541	9.55	14716.55	729	89.78
58	+ 010516003006	项	机械连接 ⌀28	个	5510	264	19.74	5211.36	-5246	-95.21
B2	⊟ A.8	部	门窗工程					485786.94		
B3	⊟ A.8.1	部	木门					93252.4		
59	+ 010801001001	项	木质门	m²	75.6	[75.6]	557.92	42178.75	0.0	0
60	+ 010801001002	项	木质门	m²	59.85	[59.85]	542.66	32478.2	0.00	0

图 5.7 查看超出 15% 红色预警项

③对于量差超过 15% 的项目,应作为合同外情况处理。鼠标左键单击左侧"其他",单击鼠标右键选择"新建其他"(图 5.8),在弹出的"新建单位工程"对话框中输入工程名称为"量差调整",最后单击"确定"按钮,如图 5.9 所示。

图 5.8 在"其他"中新建其他 | 图 5.9 新建量差调整

④利用"复用合同清单"功能,找到量差比例超过 15% 的项目。单击"复用合同清单"按钮(图5.10),在弹出的对话框中勾选"过滤规则"就能自动过滤出量差比例超过 15% 的项目,选择"全选"就选中所有的项目。需要注意的是,"清单复用规则"选择"清单和组价全部复制","工程量复用规则"选择"量差幅度以外的工程量",单击"确定复用"按钮(图 5.11),这时会弹出"合同内采用的是分期调差,合同外复用部分工程量如需在原清单中扣减,请手

图 5.10 复用合同清单

动操作"的提示,单击"确定"按钮,此时需要在原清单中手动扣减工程量,如图 5.12 所示。

⑤对于结算工程量超过合同工程量 15% 及其以上的项目,以现浇构件钢筋(010515001002)为例,合同工程量为 26.265,结算工程量为 19.736,量差比例为 -24.86%,则需要调整单价,如图 5.13 所示。此时所有结算工程量已被全部提取到"量差调整"中(需要

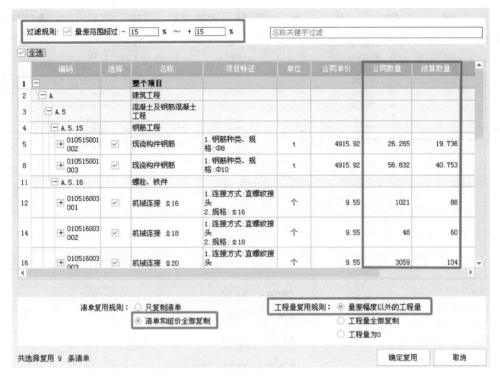

图 5.11　选择清单复用规则和工程量复用规则

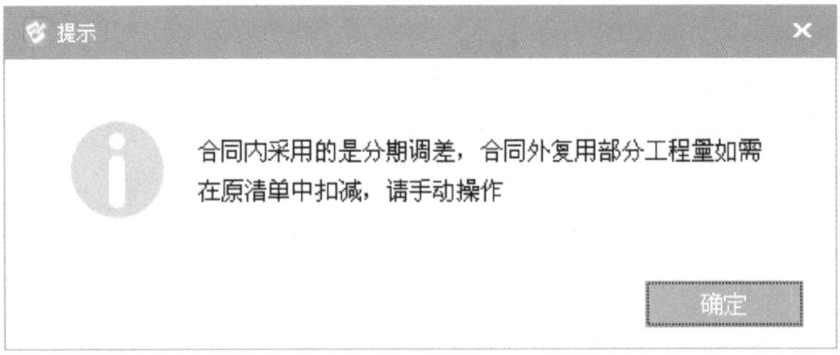

图 5.12　提示在原清单中手动扣减工程量

注意的是,在"量差调整"中此清单的清单编码变为 010515001001,如图 5.14 所示),之后需要返回原清单,在"分期工程量明细"中将所有分期量改为 0,则结算工程量自动变为 0,如图 5.15 所示。

编码	类别	名称	单位	合同工程量	★结算工程量	合同单价	结算合价	量差	量差比例(%)
43	☐ 010515001002	项	现浇构件钢筋	t	26.265	19.736	4915.92	97020.6	-6.529	-24.86
	5-112	定	钢筋制作 Φ10以内	t	26.265	19.736	4303.14	84926.77		
	5-115	定	钢筋安装 Φ10以内	t	26.265	19.736	612.78	12093.83		

图 5.13　结算工程量低于合同工程量 15% 的情况

编码	类别	名称	项目特征	单位	汇总类别	结算工程量	单价	合价	结算单价	结算合价
2	☐ 010515001001	项	现浇构件钢筋	1.钢筋种类、规格:Φ8	t		19.736			5722.08	112930.97
	5-112	定	钢筋制作 φ10以内		t		19.736	4370.44	86255	5091.64	100488.61
	5-115	定	钢筋安装 φ10以内		t		19.736	541.15	10680.14	630.44	12442.36

图 5.14　现浇构件钢筋结算单价

	编码	类别	名称	单位	合同工程量	★结算工程量	合同单价	结算合价
43	− 010515001002	项	现浇构件钢筋	t	26.265	0.000	4915.92	0
	5-112	定	钢筋制作 φ10以内	t	26.265	0	4303.14	0
	5-115	定	钢筋安装 φ10以内	t	26.265	0	612.78	0

工料机显示　　**分期工程量明细**

按分期工程量输入 ▾　　分期比例应用到其他

分期	★分期量	★备注
1	0	
2	0	
3	0	
4	0	

图 5.15　修改所有分期工程量为 0

除上述情况外,还有以下几点注意事项:

①对原投标报价中材料暂估价部分需经建设单位确认,并按确认价后的价格计入结算。

②对原投标报价中专业工程暂估价(幕墙工程)进行确认,并应在结算时提供进一步资料以供计算。本案例工程中,假设施工单位最终对幕墙工程进行了综合单价报审,并经建设单位确认如下:幕墙工程计量单位以外墙投影面积按 m^2 计算,其中人工费除税价确认为 400 元/m^2,材料费除税价确认为 800 元/m^2,机械费除税价确认为 150 元/m^2,管理费、利润、风险费、税金执行中标单位的投标费率,脚手架措施费按照合同要求据实计算。

③对原投标报价中的暂列金额进行确认。由于暂列金额属于业主方的备用金,工程竣工结算时如果实际没有发生则需要退回。对于本案例工程,可假设本项目的电梯由甲方自行采购,电梯总采购价为 50 万元,总承包单位在施工过程中提供场区及道路相关服务,并承担了配合管理和协调责任。这样暂列金额的使用就可以分成两部分:一部分为甲方采购电梯的费用;另一部分属于总承包单位的总承包服务费。

5.3.3　场景三：合同外造价

1)变更

2017 年 3 月 15 日,乙方收到了一份设计变更通知单,内容如下:(结施-03)基础垫层厚度在原设计基础上增加 50 mm 厚,基础垫层上表面标高与原设计图纸一致;基础垫层下表面标高以下 200 mm 范围内土壤采用天然级配碎石换填夯实。(结施-01)基础垫层混凝土强度等级由 C15 变更为 C20,基础地梁、筏板混凝土强度等级由 C30 变更为 C35。

说明:"设计变更通知单"见本书提供的配套教学资源包。

①新建设计变更。鼠标左键单击"变更",单击鼠标右键选择"新建变更",在弹出的"新建单位工程"对话框中输入工程名称为"设计变更 2017.3.15",单击"确定"按钮,如图 5.16所示。

②通过"复用合同清单"功能查找垫层清单项。单击"复用合同清单",在"过滤规则"名

称关键字过滤中输入"垫层",选择"垫层"清单项,"清单复用规则"勾选"清单和组价全部复制","工程量复用规则"勾选"工程量全部复制",最后单击"确定复用"按钮,如图 5.17 所示。

图 5.16 新建设计变更

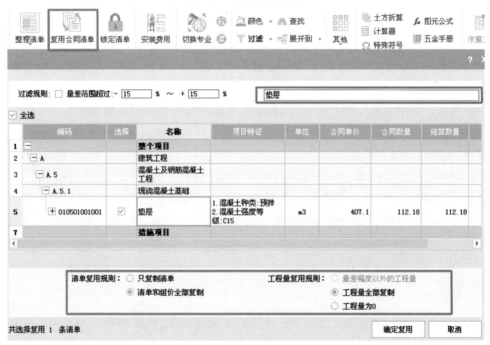

图 5.17 复用合同清单

③单击垫层的"结算工程量",并单击"工程量明细",在"计算式"中输入"(112.18/0.1)＊0.05"并按"回车"键,在弹出的"确认"对话框中单击"替换"按钮,如图 5.18 所示。替换后计算的垫层增加量如图 5.19 所示。

④通过"标准换算"将基础垫层混凝土强度等级由 C15 变更为 C20。选中垫层定额,单击"标准换算",在"换算内容"里选择"400007 C20 预拌混凝土",如图 5.20 所示。

⑤同理,通过"标准换算"功能将基础地梁、筏板混凝土强度等级由 C30 变更为 C35,如图 5.21 所示。

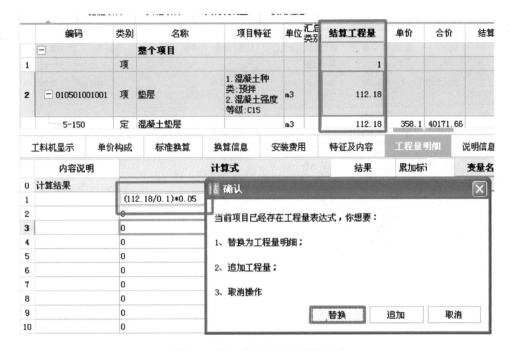

图 5.18　输入垫层工程量计算公式

	编码	类别	名称	项目特征	单位	汇总类别	结算工程量	单价	合价	结算单价	结算合价
				整个项目							23400.19
1		项					1			0	0
2	☐ 010501001001	项	垫层	1.混凝土种类:预拌 2.混凝土强度等级:C15	m3		56.09			417.19	23400.19
	5-150	定	混凝土垫层		m3		56.09	358.1	20085.83	417.19	23400.19

图 5.19　计算垫层增加量

	编码	类别	名称	项目特征	单位	汇总类别	结算工程量	单价	合价
				整个项目					
1		项					1		
2	☐ 010501001001	项	垫层	1.混凝土种类:预拌 2.混凝土强度等级:C15	m3		56.09		
	5-150 H400006 400007	换	混凝土垫层换为【C20预拌混凝土】		m3		56.09	367.17	20594.57

| 工料机显示 | 单价构成 | 标准换算 | 换算信息 | 安装费用 | 特征及内容 | 工程量明 |

	换算列表	换算内容
1	如为车站及附属钢筋混凝土结构、钢结构、幕墙、二次结构等项目 机械*1.15,人工*1.15	☐
2	换C15预拌混凝土	400007　C20预拌混凝土

图 5.20　标准换算垫层混凝土强度等级

	编码	类别	名称	项目特征	单位	汇总类别	结算工程量	单价	合价	结算单价	结算合价
3	─ 010501004001	项	满堂基础	1.混凝土种类:预拌 2.混凝土强度等级:C30 P8抗渗	m3		548.95			600.47	329628.01
	5-4	换	现浇混凝土满堂基础换为【C35预拌抗渗混凝土】		m3		548.95	515.42	282939.81	600.47	329628.01
4	─ 010503001001	项	基础梁	1.混凝土种类:预拌 2.混凝土强度等级:C30 P8抗渗	m3		93.28			623.01	58114.37
	5-12	换	现浇混凝土基础梁换为【C35预拌抗渗混凝土】		m3		93.28	534.76	49882.41	623.01	58114.37

图 5.21　标准换算基础地梁、筏板混凝土强度等级

⑥通过查询清单功能,添加换填垫层的清单和定额项,并计算工程量。双击清单行首项,调出"查询"对话框,在"清单指引"中单击"010201001 换填垫层",选择"2-2"定额,单击"插入清单(I)",如图 5.22 所示。

图 5.22　添加换填垫层的清单和定额项

在"分部分项"界面,单击换填垫层的"结算工程量",再单击"工程量明细",在"计算式"中输入"56.09 * 4",如图 5.23 所示。

	编码	类别	名称	项目特征	单位	汇总类别	结算工程量	单价	合价	结算单价	结算合价
3	─ 010201001001	项	换填垫层		m3		224.36			169.21	37963.96
	2-2	定	换填垫层 天然级配砂石		m3		224.36	145.24	32586.05	169.21	37963.96

| 工料机显示 | 单价构成 | 标准换算 | 换算信息 | 安装费用 | 特征及内容 | **工程量明细** | 说明信息 |

	计算式	结果		变量名	变量说明	单位	
0		224.36	1	JZMJ	建筑面积	m2	0
1	56.09*4	224.36					

图 5.23　输入换填垫层工程量计算式

⑦由于垫层加厚和土方置换牵涉人工土方下挖,挖出来的土还应外运。因此,通过查询清单功能,添加挖一般土方的清单和定额项(此处忽略挖基坑土方的影响),并计算和输入工

程量。同理调出"查询"对话框,在"清单指引"中单击"挖一般土方",选择"1-6"和"1-34"定额,单击"插入清单"。原挖一般土方工程量为 5 687.28 m³,原垫层底深度为−5.0 m,设计变更后垫层底深度为−5.25 m,通过广联达土建算量软件 GCL2013 可以计算出设计变更后挖一般土方工程量为 6 030.70 m³,则需要增加的挖一般土方工程量为 6 030.70 m³−5 687.28 m³ = 342.42 m³,在结算工程量中输入"342.42",如图 5.24 所示。

	编码	类别	名称	单位	汇总类别	弃土渣土运输	结算工程量	单价	合价	结算单价	结算合价
	☐		整个项目								445125.53
1	☐ 010101002001	项	挖一般土方	m3			342.42			42.97	14713.79
	1-6	定	人工挖土方 运距1km以内	m3		☐	342.42	19.68	6738.83	22.93	7851.69
	1-34	定	渣土外运 5km以内	10m3		☐	34.242	172	5889.62	200.38	6861.41

图 5.24　添加挖一般土方的清单和定额项

2)签证

　　2017 年 3 月 10 日 19:00,土方开挖期间,北京市出现罕见暴雨,降雨量达到 60 mm。暴雨导致发生以下事件:

　　事件一:基坑大面积灌水,灌水面积达到 1 500 m²,灌水深度 2 m。我方为清理基坑存水,发生 20 个抽水台班,另采用 350 型挖掘机清理淤泥 8 个台班,清理运输淤泥 200 m³,人工 20 个工日。

　　事件二:我方存放现场的硅酸盐水泥(P.I 42.5 散装),其中 2 300 m³ 被雨水浸泡后无法使用,3 000 m³ 被雨水冲走。

　　事件三:暴雨导致甲方正在施工的现场办公室遭到破坏,材料损失 25 000 元。我方修复办公室破损部位发生费用 50 000 元。

　　说明:"施工现场签证单"见本书提供的配套教学资源包。

　　①新建签证。鼠标左键单击"签证",单击鼠标右键选择"新建签证",在弹出的"新建单位工程"对话框中输入工程名称为"签证 2017.3.10",单击右下角的"确定"按钮,如图 5.25 所示。

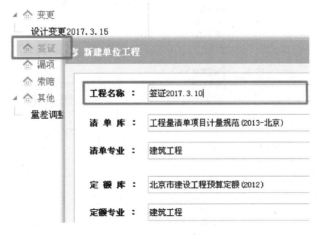

图 5.25　新建签证

　　②事件一中清理运输淤泥 200 m³ 需要单独套取定额。事件二中现场 3 t(约 2 300 m³)被雨水浸泡的硅酸盐水泥无法使用,也需要运走,被雨水冲走的硅酸盐水泥不用考虑运输成

本,因此需要在“分部分项”中添加相应清单和定额项。

具体操作方法为:单击“签证 2017.3.10”,调出“查询”界面,在“查询”对话框中输入“淤泥”并按回车键,找到“010101006 挖淤泥、流砂”,选择“1-24”定额,单击“插入清单(I)”,如图 5.26 所示。然后在“分部分项”界面,在“010101006001”清单下增加“1-50”定额。同理,再次添加“010101006002 挖淤泥、流砂”清单,选择“1-50”定额。最后,在“分部分项”界面,选择“010101006001”,在“结算工程量”中输入“200”;选择“010101006002”,在“结算工程量”中输入“2300”,结果如图 5.27 所示。

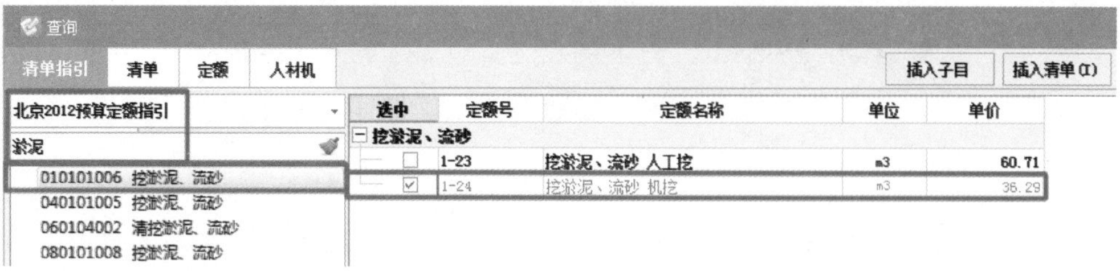

图 5.26 使用“清单指引”查找淤泥清单及定额项

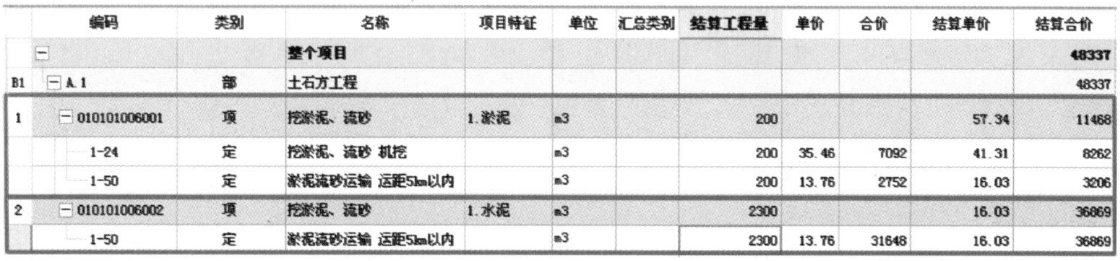

	编码	类别	名称	项目特征	单位	汇总类别	结算工程量	单价	合价	结算单价	结算合价
			整个项目								48337
B1	A.1	部	土石方工程								48337
1	010101006001	项	挖淤泥、流砂	1.淤泥	m3		200			57.34	11468
	1-24	定	挖淤泥、流砂 机挖		m3		200	35.46	7092	41.31	8262
	1-50	定	淤泥流砂运输 运距5km以内		m3		200	13.76	2752	16.03	3206
2	010101006002	项	挖淤泥、流砂	1.水泥	m3		2300			16.03	36869
	1-50	定	淤泥流砂运输 运距5km以内		m3		2300	13.76	31648	16.03	36869

图 5.27 添加清理及运输淤泥、运输水泥的清单及定额

③在“其他项目”的“计日工费用”中输入相应结算内容、数量,并通过广材助手查询 2017 年 3 月人、材、机的信息价,输入表格中,如图 5.28 和图 5.29 所示。

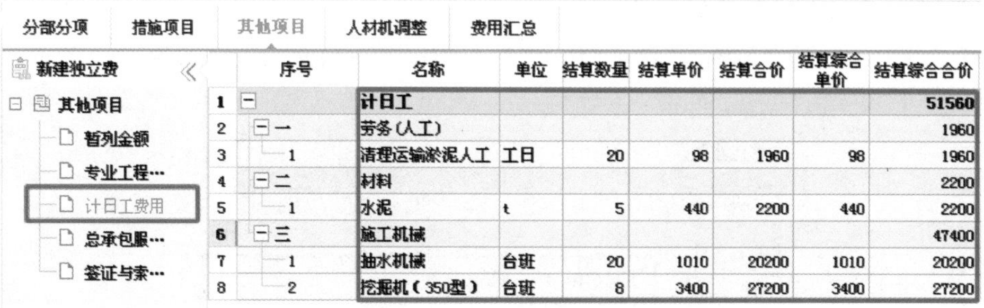

	序号	名称	单位	结算数量	结算单价	结算合价	结算综合单价	结算综合合价
1		计日工						51560
2	一	劳务(人工)						1960
3	1	清理运输淤泥人工	工日	20	98	1960	98	1960
4	二	材料						2200
5	1	水泥	t	5	440	2200	440	2200
6	三	施工机械						47400
7	1	抽水机械	台班	20	1010	20200	1010	20200
8	2	挖掘机(350型)	台班	8	3400	27200	3400	27200

图 5.28 添加计日工费用

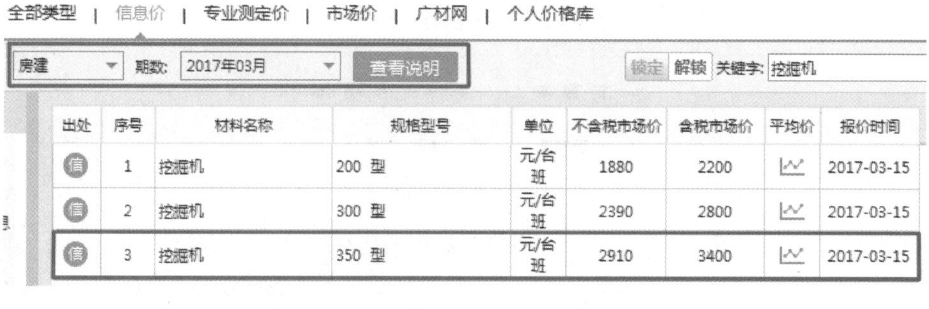

出处	序号	材料名称	规格型号	单位	不含税市场价	含税市场价	平均价	报价时间
信	1	挖掘机	200 型	元/台班	1880	2200		2017-03-15
信	2	挖掘机	300 型	元/台班	2390	2800		2017-03-15
信	3	挖掘机	350 型	元/台班	2910	3400		2017-03-15

图 5.29 查找对应型号设备的信息价

④在"其他项目"的"签证与索赔计价表"中输入相应的签证内容,如图 5.30 所示。

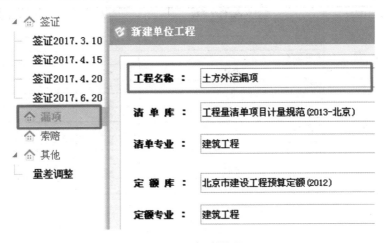

		序号	类别	签证及索赔项目	计量单位	结算数量	结算综合单价	结算合价	签证及索赔依据
1		1	现场签证	现场办公室材料损失	元	1	25000	25000	附件2
2		2	现场签证	修复办公室破损部位	元	1	50000	50000	附件2

图 5.30　添加签证与索赔计价表

3)漏项

①新建漏项。因为挖一般土方清单中未考虑土方外运的定额,所以需要补充土方外运项目,运输距离为 5 km。

鼠标左键单击"漏项",单击鼠标右键选择"新建漏项",在弹出的"新建单位工程"对话框中输入工程名称为"土方外运漏项",单击右下角的"确定"按钮,如图 5.31 所示。

图 5.31　新建漏项

②添加土方外运清单及定额项,并计算土方外运工程量。单击"土方外运漏项",再单击"查询"按钮,在弹出的"查询"对话框的"清单指引"中找到"挖一般土方",双击"挖一般土方"添加清单,再单击"1-45"添加定额项。单击挖一般土方的"结算工程量",再单击"工程量明细",在"计算式"中输入"5 687.28+31.65+342.42−597−1 206.11",如图 5.32 所示。

	编码	类别	名称	单位	汇总类别	弃土渣土运输	结算工程量	单价	合价	结算单价	结算合价
	−		整个项目								182124.92
1	− 010101002001	项	挖一般土方	m3			4258.24			42.77	182124.92
	1-45	定	渣土外运 运距15km以内	m3		□	4258.24	36.71	15631***	42.77	182124.92

	工料机显示	单价构成	标准换算	换算信息	安装费用	特征及内容	工程量明细	说明信息

	内容说明	计算式	结果	累加标识	引用代码
0	计算结果		4258.24		
1		5687.28+31.65+342.42−597−1206.11	4258.24	☑	

图 5.32　添加土方外运清单及定额项

4) 幕墙工程

① 幕墙工程量应根据图纸进行计算,在"分部分项"中输入,如图 5.33、图 5.34 所示。

序号	编码	项目名称	单位	工程量	工程量明细	
					绘图输入	表格输入
79	011202001002	柱、梁面一般抹灰 1、柱(梁)体类型:矩形独立柱 2、素水泥浆一道 3、9厚1:3水泥砂浆打底扫毛 4、5厚1:2.5水泥砂浆找平 5、喷水性耐擦洗涂料	m2	154.1026	154.1026	0
80	011204003001	块料墙面 内墙2 1、涂塑中碱玻璃纤维网格布一层 2、6厚1:2.5水泥砂浆打底压实抹平 3、素水泥浆一道 4、5厚1:2建筑水泥砂浆粘结层 5、5厚釉面砖面层(粘前先将釉面砖浸水两小时以上) 6、白水泥擦缝	m2	1435.6369	1435.6369	0
81	011209002001	全玻(无框玻璃)幕墙 1、铝塑上悬窗	m2	497.79	497.79	0

图 5.33　玻璃幕墙清单工程量

序号	编码/楼层	项目名称/构件名称	单位	工程量
1	011701001001	综合脚手架	m2	8271.0532
	第-1层	吊顶2	m2	55.2525
		建筑面积	m2	973.0579
		小计	**m2**	**1028.3104**
	首层	MQ1	m2	77.22
		MQ2	m2	337.305
		建筑面积1	m2	854.9339
		建筑面积2	m2	76.4781
		吊顶1	m2	453.7731
		吊顶2	m2	163.8669
		小计	**m2**	**1963.577**
		MQ3	m2	83.265

图 5.34　玻璃幕墙按楼层划分的清单工程量

② 通过幕墙变更洽商,对幕墙综合单价组成中的人工费、材料费、机械费进行确认。在工程竣工结算时,对幕墙工程进行清单组价,编制清单时其子目组价按照补充定额的形式进行录入,如图5.35所示。

	编码	类别	名称	项目特征	单位	汇总类别	结算工程量	单价	合价	结算单价	结算合价	关联合同清单	归属
			整个项目								782909.18		
1	011209002001	项	全玻(无框玻璃)幕墙		m2		1			782909.18	782909.18		
	补充子目	补	幕墙工程		m2		497.79	1350	672016.5	1572.77	782909.18		

	编码	类别	名称	规格及型号	单位	损耗率	含量	数量	含税预算价	合同/确认不含税单价	合同/确认含税单价
1	BCRGF0@1	人	幕墙工程人工费		m2		1	497.79	400	400	400
2	BCCLF0@1	材	幕墙工程材料费		m2		1	497.79	800	800	800
3	BCJXF0@1	机	幕墙工程机械费		m2		1	497.79	150	150	150

工料机显示　单价构成　标准换算　换算信息　安装费用　特征及内容　工程量明细　说明信息

图 5.35　确认幕墙的人材机

说明:"幕墙变更洽商记录"见本书提供的配套教学资源包。

③幕墙脚手架工程量应根据图纸进行计算,在"措施项目"中输入,如图 5.36 所示。

— 011701001001		综合脚手架	m2			497.79	17.74	8830.79
17-9	定	综合脚手架 ±0.000以上工程 全现浇结构 6层以下 搭拆	100m2			4.9779	1769.82	8809.99
17-10	定	综合脚手架 ±0.000以上工程 全现浇结构 6层以下 租赁	100m2			4.9779	4.64	23.1

图 5.36　添加综合脚手架工程量

5.3.4　场景四:查看造价分析

单击"广联达办公大厦"项目,再单击"造价分析",可以查看各项目的合同金额、结算金额(不含人材机调整)、人材机调整、结算金额(含人材机调整)等数据,如图 5.37 所示。

广联达办公大…	造价分析　项目信息　人材机调整				

	序号	项目名称	合同金额	结算金额(不含人材机调整) 结算合计	人材机调整 合计	结算金额(含人材机调整)
1	1	广联达大厦	13203645.69	11011706.62	129193.08	11140899.7
2	1.1	广联达办公大厦投…	8594418.41	7068477.97	43098.51	7111576.48
3	1.2	广联达办公大厦投…	3910660.79	3244662.16	84469.77	3329131.93
4	1.3	电气工程-投标报价	478825.28	478825.28	924	479749.28
5	1.4	给排水工程-投标…	219741.21	219741.21	700.8	220442.01
6	2	变更	0	532588.31	0	532588.31
7	2.1	设计变更2017.3.15	0	532588.31	0	532588.31
8	3	签证	0	135449.65	0	135449.65
9	3.1	签证2017.3.10	0	57672.16	0	57672.16
10	3.2	签证2017.4.15	0	73893.29	0	73893.29
11	3.3	签证2017.4.20	0	0	0	0
12	3.4	签证2017.6.20	0	3884.2	0	3884.2
13	4	漏项	0	262274.94	0	262274.94
14	4.1	土方外运漏项	0	262274.94	0	262274.94
15	5	索赔	0	0	0	0
16	6	其他	0	443310.18	0	443310.18
17	6.1	量差调整	0	443310.18	0	443310.18
18						
19		合计	13203645.69	12385329.7	129193.08	12514522.78

图 5.37　查看造价分析

6 基于 BIM 的工程结算审计

案例背景

某建筑公司承建的"广联达办公大厦"项目已经完工,编制了经建设单位同意送审的"广联达办公大厦结算书"。现建设单位委托造价咨询公司就该项目进行结算审计,假如你是该造价咨询公司负责本项目的工程师,请你完成本次工程结算审计任务。

教学目标

1.了解工程结算审计的基本流程;

2.熟悉工程结算审计的主要内容;

3.掌握 GCCP5.0 软件在工程结算审计中的具体应用。

教学重难点

1.教学重点:工程结算审计的主要内容、GCCP5.0 软件在工程结算审计中的具体应用。

2.教学难点:GCCP5.0 软件在工程结算审计中的具体应用。

6.1 工程结算审计的基本流程

为了提高结算审核质量,规范审核行为,加强审核管理,结合结算工程项目的特点,工程结算审计应按照以下流程开展工作:

①建设单位通过招标或其他方式确定工程造价咨询单位(以下简称咨询单位),咨询单位接受委托单位送达的"工程项目审计委托书"(附件 6.1),并签订"建设工程造价咨询审计合同书"。

②建设单位与咨询单位签订"廉政责任书"(附件 6.2)。

③咨询单位交接资料,填写"结算资料交接单"(附件 6.3)。在此之前,建设单位应要求施工单位签署"工程项目结算送审须知"和"新建工程项目结算承诺书"或"维修工程项目结算承诺书"(附件 6.4、附件 6.5 和附件 6.6)。

④咨询单位熟悉资料,提交"建设工程咨询实施方案"(附件 6.7)。

⑤建设单位组织召开有建设单位、施工单位和咨询单位(简称三方)参加的工程结算审计审前工作会议,形成"工程造价结算审前会议纪要"(附件 6.8)。

⑥咨询单位向建设单位通报初步审核意见,在建设单位主持下,与施工单位见面核对初步审核意见。为了督促核对双方遵守时间,双方对账人员须填写"工程结算审核签到表"(附件 6.9)。对每日已核对认可的量价,须双方签字确认(附件 6.10、附件 6.11 和附件 6.12)。对有争议的项目,建设单位组织相关部门召开协商会,以便达成共识。

⑦咨询单位出具审计报告及"结算经济指标"(附件 6.13),下达施工单位。施工单位可在收到初稿 15 日内提出书面意见,15 日内不提出书面意见的,视为默认。在初稿得到认可

后,三方签署"造价咨询成果确认表",以便形成审计报告。如施工单位提出书面意见,建设单位组织相关部门共同复审确认,以便形成共识。

⑧咨询单位提交审计报告,归还送审资料。

⑨建设单位填写"工程项目结算单"(附件 6.14),转至建设单位财务部门办理工程尾款的结算工作。

⑩审计费结清。根据结算承诺书的约定和咨询合同的相关条款,确定审计费的支付单位,进行审计费的结算。

⑪审计资料存档。按照档案管理办法,将相关的资料整理、装订成册,归入档案馆存放。

说明:上述附件见本书提供的配套教学资源包。

6.2　工程结算审计的主要内容

6.2.1　对合同、补充协议、招投标文件的审核

进行工程价款的审核,首先要仔细研究合同、补充协议、招投标文件,确定工程价款的结算方式。依据计价方式的不同,合同可分为总价合同、单价合同和成本加酬金合同。其中,总价合同又分为固定总价合同和调价总价合同;单价合同又分为估计工程量单价合同、纯单价合同和单价与包干混合式合同。先确定合同的计价类型,再仔细研究其中的调价条款,例如:

合同中约定双方价款的其他调整因素为:1.图纸会审纪要、工程联系单、工程设计变更、现场经济签证,承包人按实际增减,经发包人和监理工程师审核确认后,列入工程结算;2.根据省市工程造价管理部门公布的价格调整文件进行调整;3.执行法律、行政法规和国家及地方有关政策性调整的规定。根据施工合同约定,其他价款调整因素包括省市造价管理部门公布的价格调整文件(包括人工费调整文件、机械费调整文件、新定额的执行),但图纸变更送审结算中,装饰工程套用了新定额《建筑与装饰工程预算定额》(2013),本定额的实施日期为 2014 年 1 月 1 日。经审查相关资料,其合同竣工日期是 2014 年 1 月 2 日,竣工验收报告中 2014 年 3 月 20 日施工单位进行了自检,是否将装饰工程所有项目均执行 2013 定额标准有待进一步落实。

此案例告诉我们,应该根据合同条款对工程结算造价进行审核。

6.2.2　对人工及材料价差的审核

进行工程价款的审核,应注意工程材料价格调整办法,一是注意调整时间段,二是注意调差的工料项目,三是注意调差的方法。

例如,案例工程合同约定的调整时间段:从工程投标截止日到工程竣工期间;调差的工料项目(人工及材料价差调价项目):钢材、混凝土、电缆、电线材料及人工费;调差的方法:可

调价项目的价格波动风险幅度约定为基准价的±5%（即调差的工料项目价格波动幅度在基准价±5%以内的材料价格不作调整）。

材料价格调整示例：

①如某种材料的基准价为100元/单位。投标人在投标时报价为80元/单位。

若在采购过程中该材料涨价，只有当价格高于基准价5%的部分才能按实调整，即只调整高于100×（1+5%）=105（元/单位）的部分，如该材料当期信息价格为115元/单位，则调增（115−105）=10元/单位。

若在采购过程中该材料降价，只有当价格低于基准价5%的部分才能按实调整，即只调整低于100×（1−5%）=95（元/单位）的部分，如该材料当期信息价格为70元/单位，即调整95−70=25（元/单位），扣除报价低于基准价100−80=20（元/单位）部分，最终调减25−20=5（元/单位）。

②如某种材料的基准价为100元/单位。投标人在投标时报价为110元/单位。

若在采购过程中该材料涨价，只有当价格高于基准价5%的部分才能按实调整，即只调整高于100×（1+5%）=105（元/单位）的部分，如该材料当期信息价格为125元/单位，即调整125−105=20（元/单位），扣除报价高于基准价110−100=10（元/单位）部分，最终调增20−10=10（元/单位）。

若在采购过程中该材料降价，只有当价格低于基准价5%的部分才能按实调整，即只调整低于100×（1−5%）=95（元/单位）的部分，如该材料当期信息价格为85元/单位，则调减95−85=10（元/单位）。

如某项工程已实施或正在实施，且无法核定材料采购数量及日期。如其中某种材料的基准价为100元/单位，投标人在投标时报价为80元/单位。如施工期为5个月，对比基准价，各月该材料的信息价涨幅或跌幅依次为15%，10%，20%，5%，−10%，则平均涨幅为（15%+10%+20%+5%−10%）/5=8%，则调增100×（8%−5%）=3（元/单位）。

6.2.3 对工程量的审核

工程量的审核是重中之重。施工单位一般会通过重复计算工程量来提高工程造价。工程量的审减是核减工程造价的基本途径之一。

对工程量进行审核，首先要熟悉图纸，知道工艺。其次要知道自己需要算什么项目，再根据目录在定额中找到相应的项目，在项目前面的具体编制说明中找到该项目的一些重点说明，按工程量计算规则进行工程量计算（这只是初步的计算）。现场勘察是工程量计算的最后阶段，通过现场勘察可以确定图纸中不明确的部分及其现场未施工部分，与此同时对其隐蔽工程通过查阅隐蔽验收资料来确定。另外，部分施工内容如大型机械种类、型号、进退场费，土方的开挖方式、堆放地点、运距，排水措施，混凝土品种的采用及其浇筑方式，以及涉及造价的措施方法等，可依据施工组织设计和技术资料作出判断。

对工程量进行审核，应注意是否存在高估冒算、重复计算或未扣除未施工的项目。本案例工程合同内清单子目"010101002001 挖一般土方、010506001001 直形楼梯、010807001004 金属（塑钢、断桥）窗"结算工程量虚高；设计变更清单子目"010501004001 满堂基础、010503001001 基础梁"结算时重复计算了工程量。

6.2.4 对定额子目套用的审核

施工单位一般会通过高套定额、重复套用定额、调整定额子目、补充定额子目来提高工程造价。在审核定额子目套用时,应注意以下几个问题:

①对直接套用定额单价的审核,首先要注意采用的项目名称和内容与设计图纸的要求是否一致,如构件名称、断面形式、强度等级(混凝土或砂浆强度等级)、位置等;其次要注意工程项目是否重复套用。

②对换算的定额单价的审核,要注意换算内容是否允许换算,允许换算的内容是定额中的人工、材料或机械中的全部还是部分,换算的方法是否正确,采用的系数是否正确。

③对补充定额单价的审核,主要是审核材料种类、含量、预算价格、人工工日含量、单价及机械台班种类、含量、台班单价是否合理。

本案例工程施工现场签证单清单子目"010101006001、010101006002 挖淤泥、流砂"结算时定额子目套用不当。

6.2.5 对材料价格的审核

材料价格是工程造价的重要组成部分,直接影响工程造价的高低。原则上应根据合同约定方法,再结合工程施工现场签证确定材料价格。特别注意施工过程中替换的材料价格是否征得监理单位及建设单位的书面确认。合同约定不予调整的或未经审批的材料价格,审核时不应调整;合同约定按施工期间信息价格调整的,可按照各种材料使用期间的平均指导价作为审核依据。对信息价中没有发布的或甲方没有签证的材料价格,需要对材料价格进行询价、对比分析。审核材料价格时,应重视材料价格的调查。

6.2.6 对计价取费的审核

工程结算计价取费应根据工程造价管理部门颁发的定额、文件及规定,结合工程相关文件(合同、招标投标文件等)来确定费率。审核时,应注意取费文件的时效性,执行的取费标准是否与工程性质相符,费率计算是否正确、是否符合文件规定。如取费基数是否正确,是以人工费为基础还是以直接费为基础;对于费率下浮或总价下浮的工程,在结算审核时,要注意对合同外增加造价部分是否执行合同内工程造价的同比例下浮等问题进行核实。

6.2.7 对签证的审核

施工单位通过低价中标、高价结算的策略,在工程结算时通过增加签证来达到合理的利润。大多数工程的报审结算价都比合同价款高很多,有的甚至成倍增长。因此,要审核签证的合理性、有效性。

一是看手续是否符合程序要求、签字是否齐全有效,例如索赔是否是在规定的时间内提出、证明资料是否具有足够的说服力。

二是看其内容是否真实合理,工程项目内容及工程量是否存在虚列,签证项目涉及的费用是否应该由甲方承担。有些签证虽然程序合法、手续齐全,但究其内容并不合理,违背合同协议条款,对于此类签证则不应作为结算费用的依据。例如正常气象条件下施工排除雨水的费用、施工单位为确保工程质量的措施费用等。

三是复核计算方法是否正确、工程量计算是否正确属实、单价的采用是否合理。例如对索赔项目的计算,在计算闲置费时,应注意机械费不能按机械台班单价乘以闲置天数计算,而只能计算机械闲置损失或租赁费等。

6.2.8　对其他项目的审核

工程结算审核时,还应注意:施工资料的齐全性与真实性;结算项目与现场踏勘情况的吻合度(如合同内约定的材料是普通 PVC 线管,结算时套用著名品牌高等级的线管;普通卫浴洁具,结算时套用高端品牌等);利用计算机软件录入工程量时是否存在小数点输入错误(如将 125.8 录入 1258)等。

6.3　工程结算审计的常用方法

6.3.1　全面审计法

全面审计法是指按照国家或行业建筑工程预算定额的编制顺序或施工的先后顺序,逐一地对全部项目进行审查的方法。其具体计算方法和审查过程与编制施工图预算基本相同。此方法的优点是全面、细致,经审计的工程造价差错比较少、质量比较高;缺点是工作量较大。对于工程量比较小、工艺比较简单、造价编制或报价单位技术力量薄弱,甚至信誉度较低的单位,须采用全面审计法。

6.3.2　标准图审计法

标准图审计法是指对利用标准图纸或通用图纸施工的工程项目,先集中审计力量编制标准预算或决算造价,以此为标准进行对比审计的方法。按标准图纸设计或通用图纸施工的工程,一般地面以上结构相同,可集中审计力量细审一份预决算造价,作为这种标准图纸的标准造价;或用这种标准图纸的工程量为标准,对照审计。而对局部不同的部分和设计变更部分作单独审查即可。这种方法的优点是时间短、效果好、定案容易;缺点是只适用于按标准图纸设计或施工的工程,适用范围小。

6.3.3　分组计算审计法

分组计算审计法是指把分项工程划分为若干组,并把相邻且有一定内在联系的项目编为一组,审计时先计算同一组中某个分项工程量,利用工程量间具有相同或相似计算基础的关系,再判断同组中其他几个分项工程量。这是一种加快工程量审计速度的方法。例如,对一般土建工程可以分为以下几个组:

①地槽挖土、基础砌体、基础垫层、槽坑回填土、运土分为一组。这一分组中,先将挖地

槽土方、基础砌体体积(室外地坪以下部分)、基础垫层计算出来,而槽坑回填土、外运土的体积按下式确定:

$$回填土量 = 挖土量 - (基础砌体 + 垫层体积)$$

$$余土外运量 = 基础砌体 + 垫层体积$$

②底层建筑面积、地面面层、地面垫层、楼面面层、楼面找平层、楼板体积、顶棚抹灰、顶棚刷浆、屋面层分为一组。在这一分组中,先把底层建筑面积、楼(地)面面积计算出来。而楼面找平层、顶棚抹灰、顶棚饰面的工程量与楼(地)面面积相同;垫层工程量等于地面面积乘以地面厚度;楼面工程量乘以楼板的折算厚度(查表)为空心楼板工程量;底层建筑面积加挑檐面积,乘以坡度系数(平屋面不乘)就是屋面工程量;底层建筑面积乘以坡度系数(平屋面不乘)再乘以保温层的平均厚度就是保温层的工程量。

③内墙外抹灰、外墙内抹灰、外墙内面刷浆、外墙上的门窗和圈过梁、外墙砌体分为一组。在这一组中,首先把各种厚度的内外墙上的门窗面积和过梁体积分别列表填写,然后再计算工程量。在求出墙体面积的基础上,减去门窗面积,再乘以墙厚并减去圈、过梁体积等于墙体积。各项数据均可借鉴使用,从而大大提高了审计的工作效率。

6.3.4　对比审计法

对比审计法是指用已经审计的工程造价同拟审类似工程进行对比审计的方法。这种方法一般应根据工程的不同条件和特点区别对待。一是两个工程采用同一个施工图,但基础部分和现场条件及变更不尽相同,则拟审计工程基础以上部分可采用对比审计法;不同部分可分别计算或采用相应的审计方法进行审计。二是两个工程设计相同,但建筑面积不同,则可以根据两个工程建筑面积之比与两个工程分部分项工程量之比基本一致的特点,将两个工程每平方米建筑面积造价以及每平方米建筑面积的各分部分项工程量进行对比审查。如果基本相同,说明拟审计工程造价是正确的,或拟审计的分部分项工程量是正确的;反之,说明拟审计工程造价存在问题,应找出差错原因,加以更正。三是拟审计工程与已审工程的面积相同,但设计图纸不完全相同时,可把相同部分,如厂房中的柱子、屋架、屋面板、砖墙等进行工程量的对比审计,不能对比的分部分项工程按图纸或签证计算。

6.3.5　筛选审计法

建筑工程虽然有建筑面积和高度的不同,但是它们的各个分部分项工程的工程量、造价、用工量在每个单位面积上的数值变化不大,把过去审计积累的这些数据加以汇集、优选、归纳为工程量、造价(价值)、用工等几个单方基本值表,并注明其适用的建筑标准。这些基本值犹如"筛子孔",用来筛选各分部分项工程,筛下去的就不予审计;没有筛下去的就意味着此分部分项的单位建筑面积数值不在基本值范围之内,应对该分部分项工程进行详细审计。此方法的优点是简单易懂,便于掌握,审计速度和发现问题快,适用于住宅工程或不具备全面审计审查条件的工程。

6.3.6　重点抽查审计法

重点抽查审计法是指抓住工程造价中的重点进行审计。在审计时,可以确定工程量大或造价较高、工程结构复杂的工程为重点,确定监理工程师签证的变更工程为重点,确定基础隐蔽工程为重点,确定采用新工艺、新材料的工程为重点,确定甲乙双方自行协商增加的工程项目为重点。

6.4 场景设计

GCCP5.0 软件在工程结算审计中的主要操作步骤包括:建立工程→合同内审核→合同外审核→报表输出→保存与退出。

6.4.1 场景一:建立工程

图 6.1 GCCP5.0
桌面图标

通过广联达云计价平台建立审核工程文件。审核方已有审定文件,采用对比审计法,与送审工程对比,审核工程量差异。

操作过程如下:

①双击桌面"广联达云计价平台 GCCP5.0"图标(图 6.1),打开广联达云计价平台 GCCP5.0。

②新建审核项目。选择"个人模式",单击"新建",在下拉菜单中选择"新建审核项目",如图 6.2 所示。

图 6.2 新建审核项目

③浏览文件地址。在弹出的"新建审核"对话框中,单击"浏览"按钮,如图 6.3 所示。

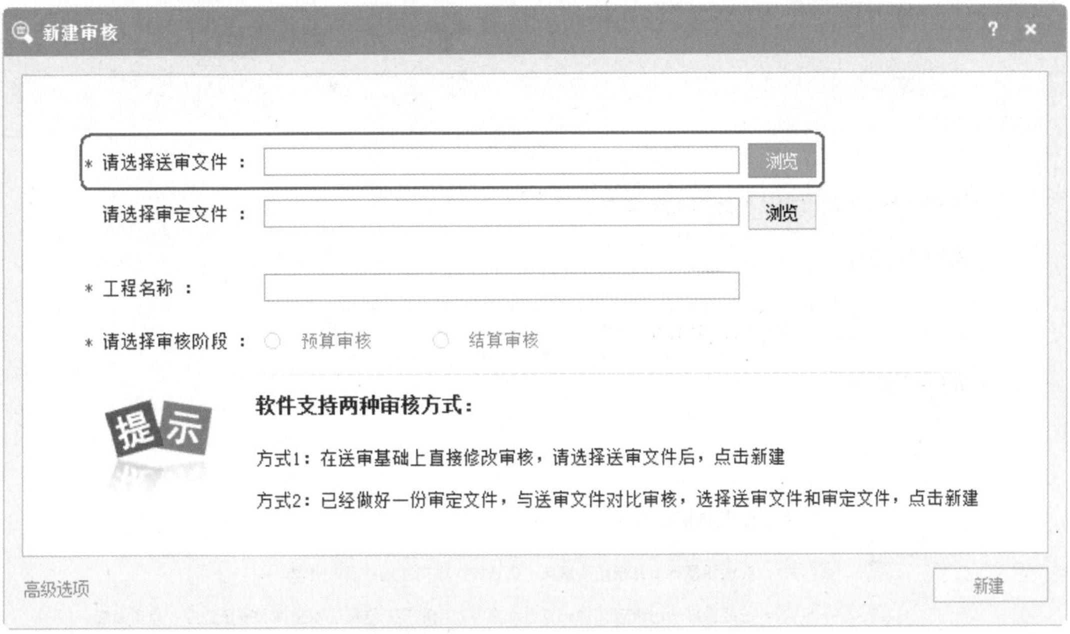

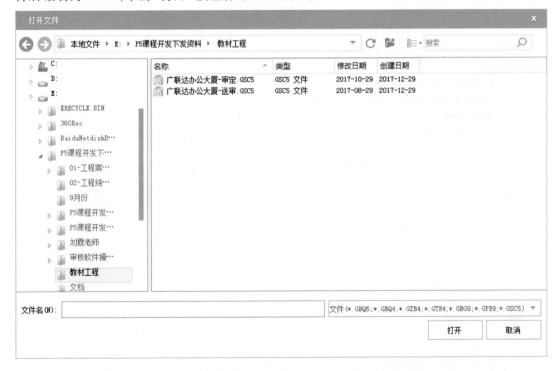

图 6.3　浏览文件地址

④添加结算送审工程文件。在弹出的"打开文件"对话框中,选择结算送审工程文件,文件后缀名为.GSC5,单击"打开"按钮,如图 6.4 所示。

图 6.4　添加结算送审工程文件

⑤完成新建审核工程。工程名称默认为送审工程名称,后附"(审核)"字样,审核阶段自动选择"结算审核",单击"新建"按钮即可完成新建审核工程,如图 6.5 所示。

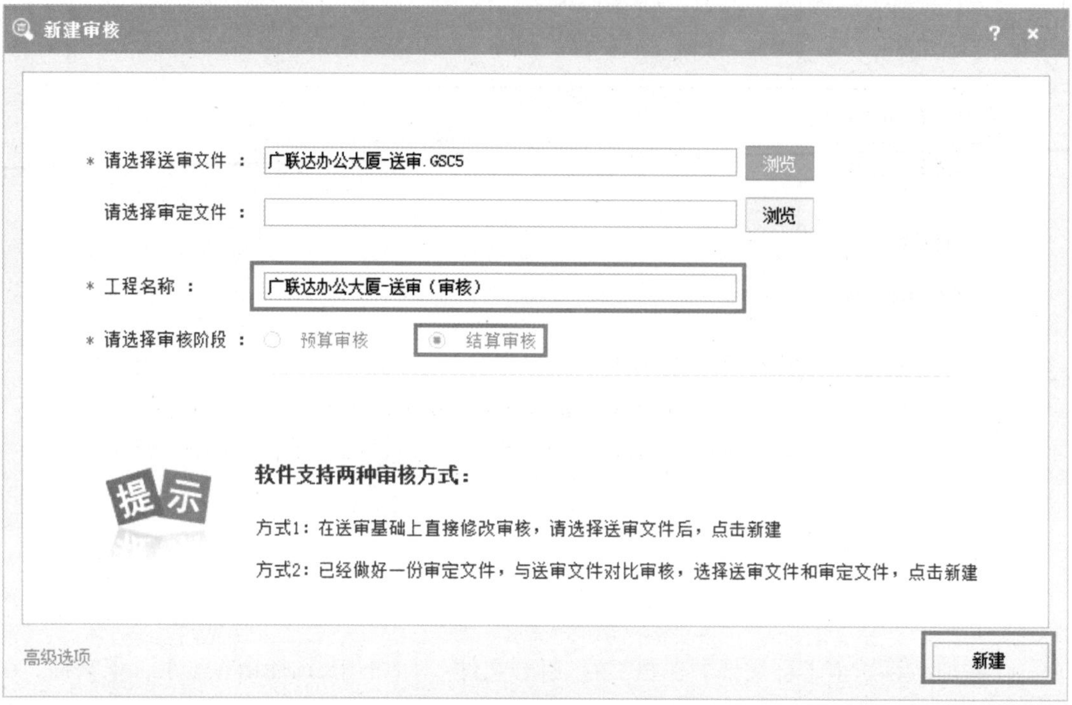

图 6.5　完成新建审核工程

⑥生成审核文件,完成后进入审核工程,如图 6.6 所示。

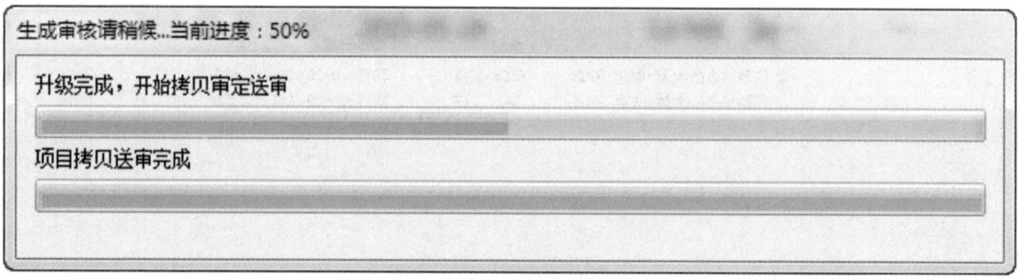

图 6.6　生成审核文件

6.4.2　场景二:GCCP5.0 软件认知

1)主界面

GCCP5.0 软件审核模块主界面由标题栏、一级导航区、功能区、二级导航区、数据编辑区、属性窗口、状态栏、项目结构树等部分组成,如图 6.7 所示。各部分的主要功能简述如下:

①标题栏:包含撤销恢复、剪切板和正在编辑的工程的标题名称。

②一级导航区:包含 Glodon 广联达、编制、报表、分析与报告及账号微社区等。

③功能区:随着界面的切换,工具条的内容不同。

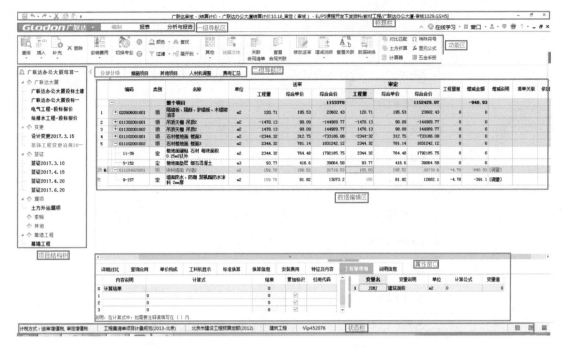

图 6.7　广联达云计价平台 GCCP5.0 审核模块工作界面

④二级导航区：可切换到不同的编辑界面。

⑤数据编辑区：切换到每个界面，都会有自己特有的数据编辑界面供用户操作，这部分是用户的主操作区域。数据编辑区包含合同数据、送审数据、审定数据。其中：

● 合同数据：合同计价的工程量、综合单价、综合合价。

● 送审数据：送审的工程量、综合单价、综合合价。

● 审定数据：供用户操作，用来修改工程量、综合单价，增加或删除清单或定额项等，这部分是用户的主操作区域。

⑥属性窗口：默认在下方显示，显示数据编辑区所选数据属性。

⑦状态栏：呈现所选的清单、定额、专业等信息。

⑧项目结构树：左边导航栏可切换到不同的工程界面。

2)一级导航简介

一级导航包括 Glodon 广联达、编制、报表、分析与报告、展开折叠、窗口、皮肤风格、账户信息等内容，现分述如下。

(1)Glodon 广联达

在"Glodon 广联达"下拉菜单下，可以进行保存、另存为、保存所有工程、打开、新建、设置密码、审定转结算文件、送审转结算文件、选项、找回历史工程、退出等操作，每一操作的含义如图 6.8 所示。

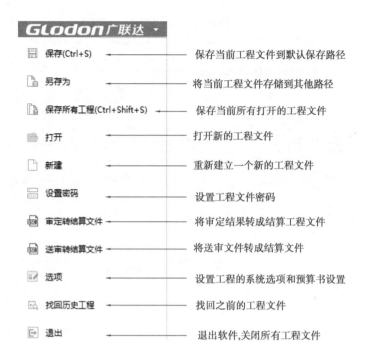

图 6.8 "Glodon 广联达"操作解析

- 保存(Ctrl+S) —— 保存当前工程文件到默认保存路径
- 另存为 —— 将当前工程文件存储到其他路径
- 保存所有工程(Ctrl+Shift+S) —— 保存当前所有打开的工程文件
- 打开 —— 打开新的工程文件
- 新建 —— 重新建立一个新的工程文件
- 设置密码 —— 设置工程文件密码
- 审定转结算文件 —— 将审定结果转成结算工程文件
- 送审转结算文件 —— 将送审文件转成结算文件
- 选项 —— 设置工程的系统选项和预算书设置
- 找回历史工程 —— 找回之前的工程文件
- 退出 —— 退出软件,关闭所有工程文件

（2）编制

在"编制"界面下,可以按不同的编辑界面,显示功能区功能,如图 6.9 所示。

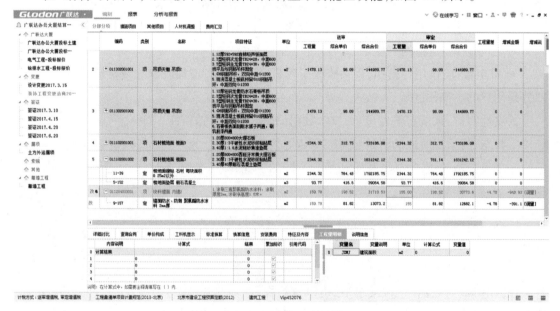

图 6.9 "编制"界面

（3）报表

在"报表"界面下,可以对编制完的工程进行各类报表的查看,如图 6.10 所示。

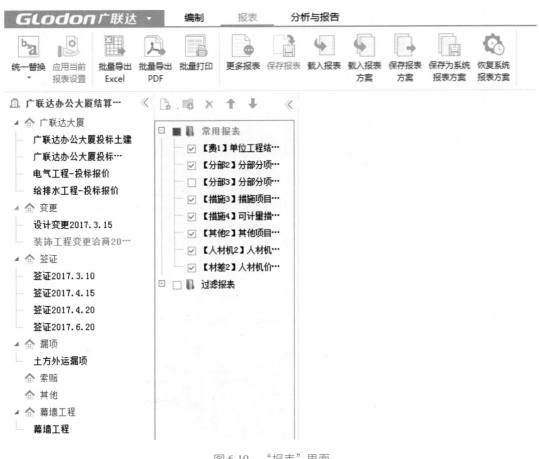

图 6.10　"报表"界面

（4）分析与报告

在"分析与报告"界面下，可以查看生成的审核分析报告，如图 6.11 所示。

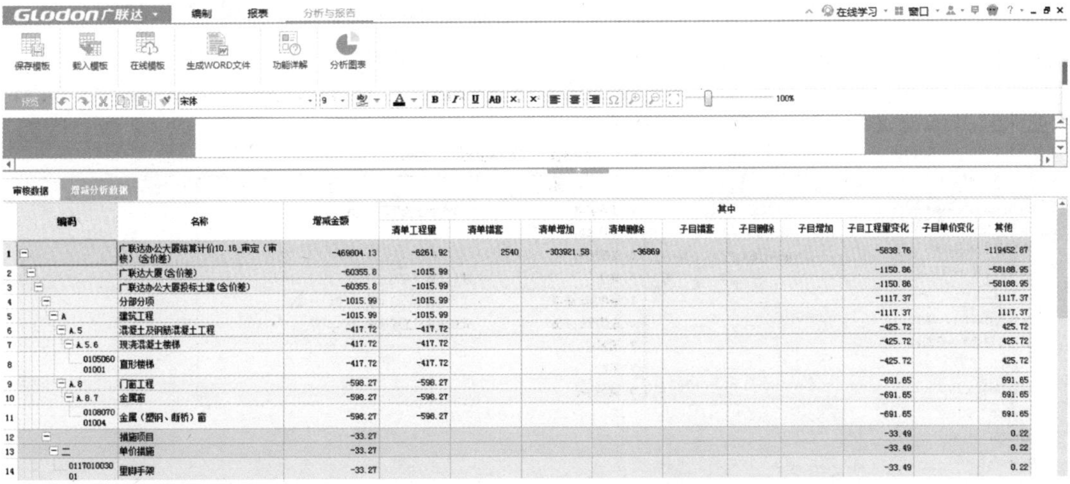

图 6.11　"分析与报告"界面

（5）展开折叠

通过操作"展开折叠"按钮，可以展开或折叠功能区，如图 6.12 所示。

图 6.12 "展开折叠"操作

（6）窗口

通过"窗口"操作，可以关闭当前文件、编辑多个文件的显示方式及显示当前文件信息，如图 6.13 所示。

（7）皮肤风格

通过"皮肤风格"操作，可以设置软件的皮肤风格和配色方案，如图 6.14 所示。

（8）账户信息

通过"账户信息"操作，可以进行账户的登录、切换用户或退出登录，如图 6.15 所示。

图 6.13 "窗口"操作

图 6.14 "皮肤风格"操作　　图 6.15 "账户信息"操作

6.4.3 场景三：编制工程概况

GCCP5.0 软件审核模块的工程概况由工程信息、工程特征、编制说明、审核过程记录组成，如图 6.16 所示，可以根据实际工程项目信息进行相应的填写。

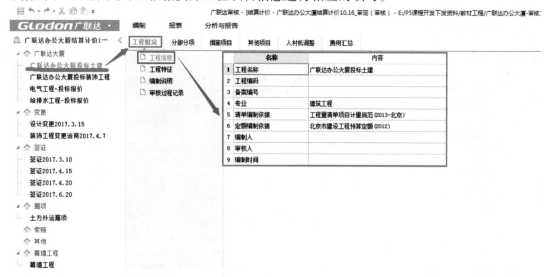

图 6.16 编制工程概况

6.4.4 场景四：合同内审核

1) 分部分项工程量清单审核

（1）工程量差及增减金额

对送审工程进行结算审核时，可以方便地修改送审工程量数据，同时可以实时查看增减金额、增减说明。

操作过程如下：

①进入"分部分项"界面后，可以直接输入审定的工程量，如图 6.17 所示。

| 工程概况 | 分部分项 | 措施项目 | 其他项目 | 人材机调整 | 费用汇总 |

		编码	类别	名称	项目特征	单位	合同			送审结算			审定结算		
							工程量	综合单价	综合合价	工程量	综合单价	综合合价	工程量	综合合价	合同量差
整个项目	35	+ 01050500 8002	项	雨篷、悬挑板、阳台板	1.混凝土种类:预拌 2.混凝土强度等级:C25	m3	0.95	556.86	529.02	0.95	556.86	529.02	[0.95]	529.02	
建筑工程	B3	- A.5.6	部	现浇混凝土楼梯					16322.8			16740.52		16322.8	
土石方工程	改 36	- 01050600 1001	项	直形楼梯	1.混凝土种类:预拌 2.混凝土强度等级:C25	m2	112.54	145.04	16322.8	115.42	145.04	16740.52	[112.54]	16322.8	
土方工程	改	5-40	换	现浇混凝土 楼梯 直形 换为【C25预拌混凝土】		m2	112.54	145.04	16322.8	115.42	147.82	17051.38	112.54	16635.66	
固填	B3	- A.5.7	部	现浇混凝土其他构件					23674.21			23674.21		23674.21	

图 6.17　输入审定工程量

②查看工程量差、增减金额及增减说明，如图 6.18 所示。其中：

$$清单工程量差 = 审定工程量 - 送审工程量$$

$$清单增减金额 = 审定综合合价 - 送审综合合价$$

| 工程概况 | 分部分项 | 措施项目 | 其他项目 | 人材机调整 | 费用汇总 |

		编码	类别	名称	送审结算			审定结算				工程量差	增减金额	增减说明
					工程量	综合单价	综合合价	工程量	综合合价	合同量差	量差比例(%)			
整个项目	35	+ 010505…	项	雨篷、悬挑板、阳台板	0.95	556.86	529.02	[0.95]	529.02	0.00	0	0	0	
建筑工程	B3	- A.5.6	部	现浇混凝土楼梯			16740.52		16322.8				-417.72	
土石方工程	改 36	- 010506…	项	直形楼梯	115.42	145.04	16740.52	[112.54]	16322.8	0.00	0	-2.88	-417.72	[调量]
土方工程	改	5-40	换	现浇混凝土 楼梯 直形 换为【C25预拌混凝土】	115.42	147.82	17061.38	112.54	16635.66			-2.88	-425.72	[调量]
固填														
砌筑工程														

图 6.18　查看工程量差、增减金额及增减说明

（2）查看详细对比

审核主界面的列数有限，只显示送审、审定的工程量、综合单价、综合合价这种双方最为关注的项，也是最容易不一致的项，其余编码、名称等数据可以通过软件操作进行了解。

操作过程如下：

①查看清单对比。选中有差异的清单项（软件默认用红色标记），单击"详细对比"，软件可自动显示当前清单的合同、送审与审定情况，如图 6.19 所示。

| 工程概况 | 分部分项 | 措施项目 | 其他项目 | 人材机调整 | 费用汇总 |

		编码	类别	名称	送审结算			审定结算				工程量差	增减金额	增减说明	★备注
					综合合价	工程量	综合单价	综合合价	工程量	综合合价	合同量差	量差比例(%)			
整个项目	B3	- A.5.6	部	现浇混凝土楼梯	16322.8			16740.52		16322.8				-417.72	
	改 36	+ 010506…	项	直形楼梯	16322.8	115.42	145.04	16740.52	[112.54]	16322.8	0.00		-2.88	-417.72	[调量]
	B3	- A.5.7	部	现浇混凝土其他构件	23674.21			23674.21		23674.21			0		
	37	+ 010507…	项	垫道	9008.72	58.62	153.68	9008.72	[58.62]	9008.72	0.00	0	0	0	
	38	+ 010507…	项	散水、坡道	8128.06	97.74	83.16	8128.06	[97.74]	8128.06	0.00	0	0	0	
	39	+ 010507…	项	电缆沟、地沟	838.73	6.95	120.68	838.73	[6.95]	838.73	0.00	0	0	0	
		+ 010507…	项	栏板、竹栏	588.1			588.1		588.1			0		

| 详细对比 | 查询合同 | 工料机显示 | 分期工程量明细 |

	审核过程	编码	名称	项目特征	工程量	综合单价	综合合价	量差	量差比例
1	合同	010506001001	直形楼梯	1.混凝土种类:预拌 2.混凝土强度等级:C25	112.54	145.04	16322.8		
2	送审	010506001001	直形楼梯	1.混凝土种类:预拌 2.混凝土强度等级:C25	115.42	145.04	16740.52	2.88	2.56
3	审定	010506001001	直形楼梯	1.混凝土种类:预拌 2.混凝土强度等级:C25	112.54	145.04	16322.8	0	0

图 6.19　查看清单对比

②查看子目对比。选中有差异的清单项下的定额子目(软件默认用红色标记),单击"详细对比",软件可自动显示当前子目的合同、送审与审定情况,如图 6.20 所示。

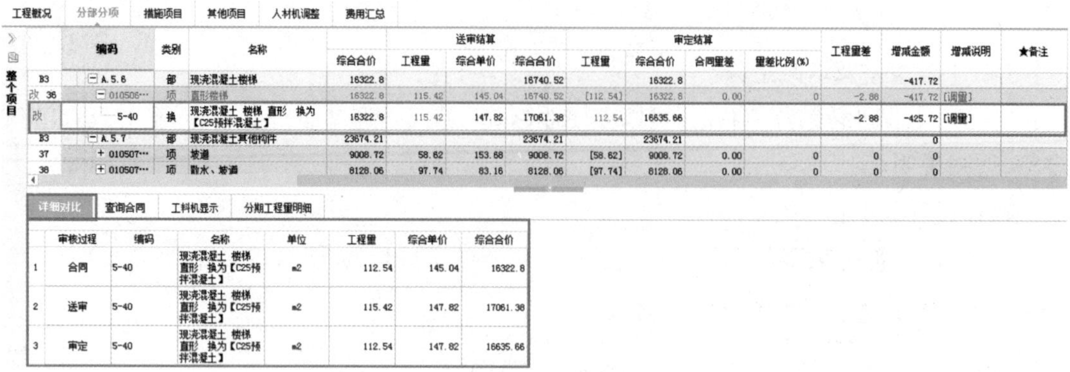

图 6.20　查看子目对比

③查看工料机显示。选中有差异的清单项下的定额子目(软件默认用红色标记),单击"工料机显示",软件可自动详细显示当前子目"工料机"的合同、送审与审定情况,如图 6.21 所示。其中:

合同:合同计价文件中当前子目的工料机含量和单价。

送审:送审工程中当前子目工料机的含量和单价。

审定:当前子目的审定工料机含量和单价。

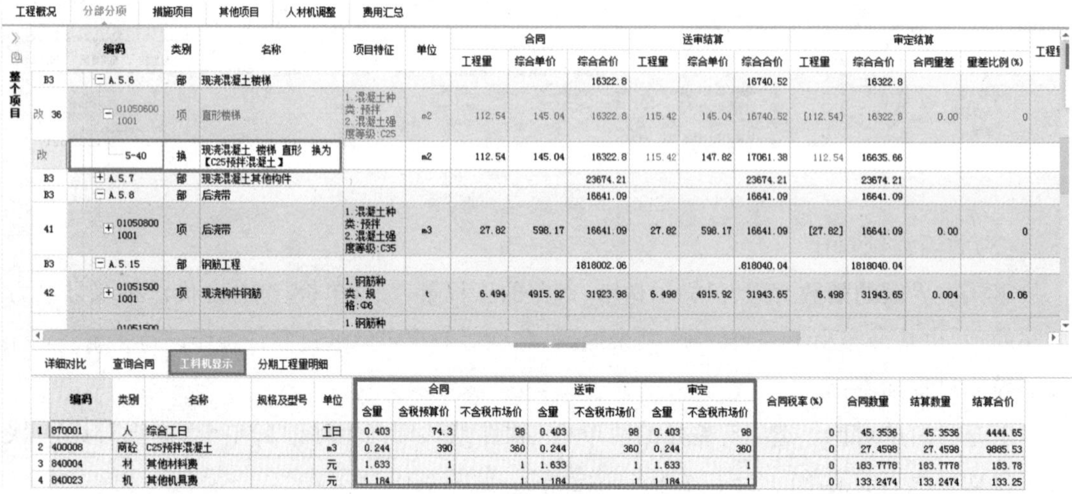

图 6.21　查看工料机显示

(3)分期调差

在 GBQ 软件中实施结算时,材料价格都是进行统一调整,输入市场价后进行统一调差,而实际上,一年中的材料价格是有上下浮动的,浮动周期也不尽相同。基于这一现实情况,甲方要求乙方的材料价格也要进行分期上报,因此乙方也需要对材料进行分期调差,借助于 GCCP5.0 软件可以很方便地对人材机进行分期调差。

操作过程如下：

①在"分部分项"界面下单击"人材机分期调整"，如图 6.22 所示。

图 6.22 单击"人材机分期调整"

②在弹出的"人材机分期调整"对话框中，选择是否对人材机进行分期调整，选择"否"为统一调差，选择"是"为分期调差，如图 6.23 所示。

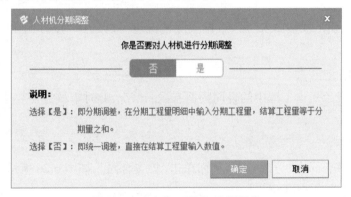

图 6.23 确定统一调差/分期调差

③如果选择"是"，则在"总期数"里填写审定工程量的期数，并选择分期输入方式，如图 6.24 所示。

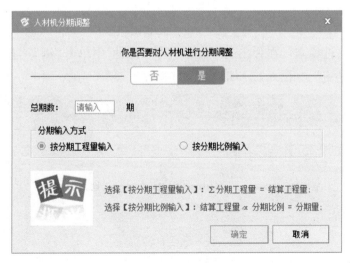

图 6.24 确定分期调差的总期数与分期输入方式

④输入分期工程量。如果选择"按分期工程量输入",单击"确定"按钮后,在"分期工程量明细"的"分期量"里输入每期的工程量,审定结算工程量为分期工程量之和,如图 6.25 所示。

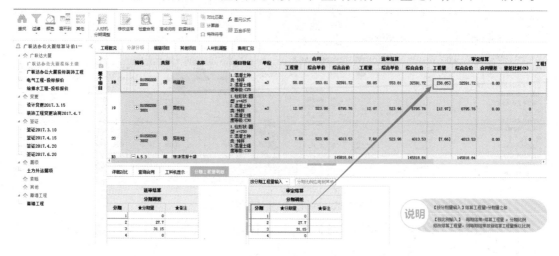

图 6.25　输入分期工程量

⑤选择"按分期工程量输入"后,根据实际情况也可以选择"按分期比例输入",此处不再赘述。

(4)检查合同

审核中可能发生送审工程中的合同数据有误的情况,此时审核方需要修改合同数据,再进行审核。

操作过程如下:

①在结算审核合同内"分部分项"界面单击"检查合同",如图 6.26 所示。

图 6.26　检查合同

②执行合同文件检查。在弹出的"检查合同"对话框中单击"浏览"按钮,选择合同文件,并单击"立即检查",如图 6.27 所示。

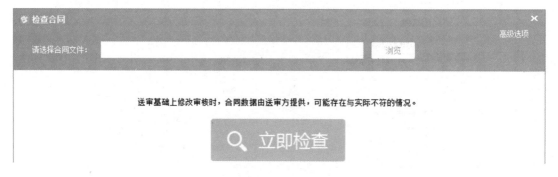

图 6.27　检查合同文件

③导出检查结果。检查合同完毕后,显示与导入的实际合同不一致的项,对差异项进行勾选后单击"一键修改",将实际合同数据替换到审核工程中,如图 6.28 所示。

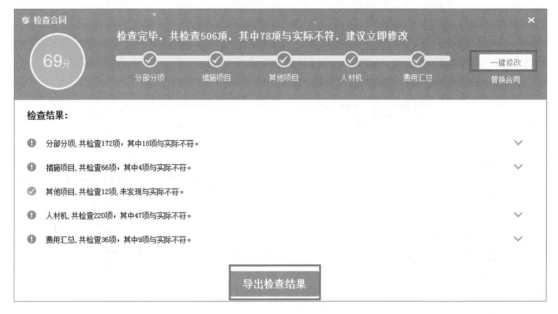

图 6.28 导出检查结果

④查看检查结果备注,修改审核合同数据。检查合同完毕后,未修改的合同数据行会增加备注。单击"查询合同",进行逐项查看,双击"查询合同"下的数据可执行替换审核主界面的合同数据,如图 6.29 所示。

图 6.29 查看检查结果备注

2) 措施项目审核

合同中约定措施费用不随建设项目的任何变化而变化,工程结算时直接按合同签订时的价格进行结算,即总价包干;合同中约定措施费用按工程实际情况进行结算,即可调措施。

工程结算审计时,应根据合同约定对措施项目的结算方式进行调整。

操作过程如下:

①在 GCCP5.0 软件中,措施项目结算审核提供了两种结算方式,即总价包干和可调措施,如图 6.30 所示。其中:

总价包干:不可以调整,措施项目费用按合同结算费用。

可调措施:可以调整措施费用。

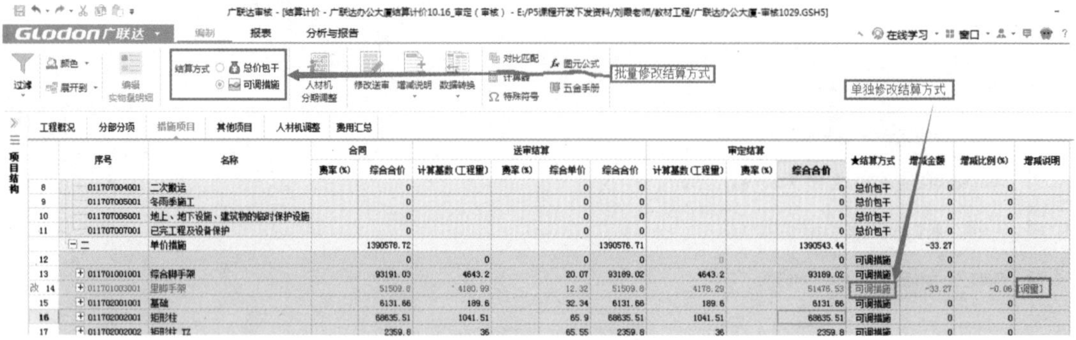

图 6.30　选择结算方式

②单价措施费调整。单价措施是通过修改工程量和单价来进行调整的。在"措施项目"界面,鼠标左键双击"审定结算"中"计算基数(工程量)"相应栏,修改审定工程量,然后查看措施增减金额,以工程量修改为例,如图 6.31 所示。

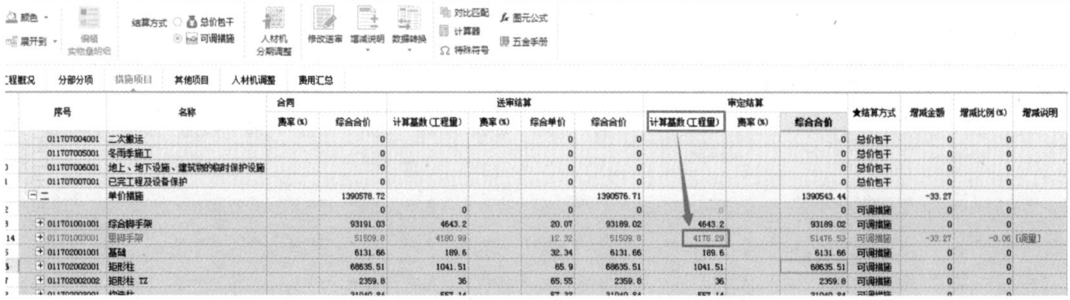

图 6.31　技术措施费调整

③总价措施费调整。总价措施费是通过修改计算基数和费率来进行调整的。在"措施项目"界面,鼠标左键双击"审定结算"中"计算基数(工程量)"相应栏,修改审定计算基数和费率,然后查看措施增减金额,此处不再赘述。

3)其他项目审核

其他项目包括暂列金额、专业工程暂估价、计日工、总承包服务费。

操作过程如下:

其他项目的结算方式,GCCP5.0 软件提供了"同合同合价""按计算基数""直接输入"3种方式,可以进行批量设置。选择"结算方式"中的"直接输入",就可以直接输入"审定结算金额",如图6.32 所示。

图 6.32　其他项目审核

4) 人材机审核

（1）人材机审核的步骤和方法

人材机审核的步骤：选择调差人材机→选择价差调整方法→输入审定结算单价。GCCP5.0 软件提供了"从人材机汇总中选择""自动过滤调差材料""风险幅度范围"3 种选择，包含"造价信息价格差额调整法""结算价与基期价差额调整法""结算价与合同价差额调整法"和"价格指数差额调整法"4 种方法，如图 6.33 所示。

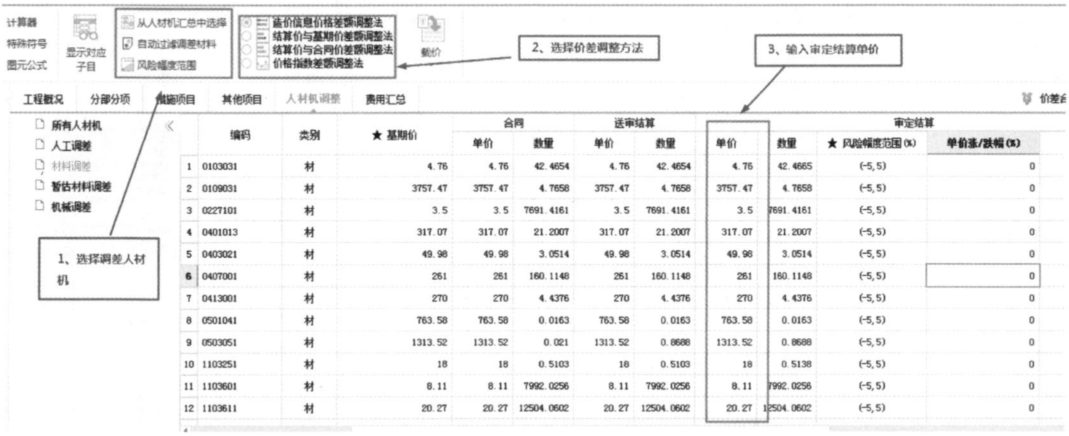

图 6.33　人材机审核

（2）查看增减金额及增减说明

增减金额：审核结束后，对比显示送审与审定的工程造价，显示二者的差额。

增减说明：审核后生成增减原因，还可以根据需要导出原因说明。

①查看增减金额。操作过程如下：

a.将软件的二级导航切换到"人材机调整"界面，如图 6.34 所示。

b.查看增减金额。在"增减金额"列直接查看即可，如图 6.35 所示。

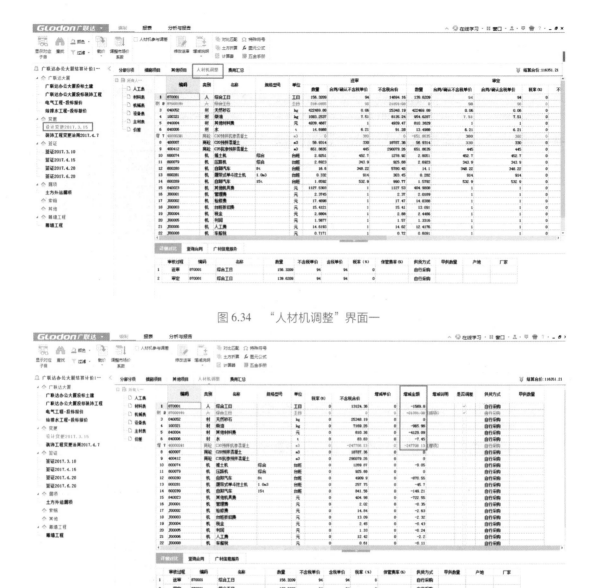

图 6.34　"人材机调整"界面一

图 6.35　查看增减金额

②查看增减说明。操作过程如下:

a.将软件的一级导航切换到"编制",项目结构切换到单位工程中的某个分项,这里以"设计变更 2017.3.15"为例,二级导航切换到"人材机调整"界面,如图 6.36 所示。

b.查看增减说明。在"增减说明"列直接查看即可,如图 6.37 所示。

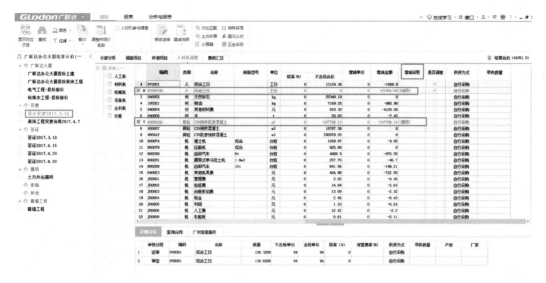

图 6.36 "人材机调整"界面二

		编码	类别	名称	规格型号	单位	税率(%)	不含税合价	增减单价	增减金额	增减说明	是否调整	供货方式
	1	870001	人	综合工日		工日	0	13124.36	0	-1569.8		✓	自行采购
删	2	870000101	大	综合工日		王日	0		0	-21391.08	[减项]	✓	自行采购
	3	040052	材	天然砂石		kg	0	25348.19	0	0			自行采购
	4	100321	材	柴油		kg	0	7169.26	0	-965.98			自行采购
	5	840004	材	其他材料费		元	0	810.38	0	-4129.09			自行采购
	6	840006	材	水		t	0	83.83	0	-7.45			自行采购
增	7	40000281	商砼	C30预拌抗渗混凝土		m3	0	-247708.13	0	-247708.13	[增项]		自行采购
	8	40000T	商砼	C20拌拌混凝土		m3	0	18787.36	0	0			自行采购
	9	400412	商砼	C35抗渗预拌混凝土		m3	0	290079.25	0	0			自行采购
	10	800074	机	推土机		台班	0	1269.87	0	-9.05			自行采购
	11	800079	机	压路机	综合	台班	0	925.88	0	0			自行采购
	12	800280	机	自卸汽车	8t	台班	0	4909.9	0	-870.56			自行采购
	13	800281	机	履带式单斗挖土机	1.0m3	台班	0	257.75	0	-45.7			自行采购
	14	800289	机	自卸汽车	15t	台班	0	841.56	0	-149.21			自行采购
	15	840023	机	其他机具费		元	0	404.98	0	-722.55			自行采购
	16	J00001	机	管理费		元	0	2.02	0	-0.35			自行采购
	17	J00002	机	检修费		元	0	14.84	0	-2.63			自行采购
	18	J00003	机	台班折旧费		元	0	13.09	0	-2.32			自行采购
	19	J00004	机	税金		元	0	2.45	0	-0.43			自行采购
	20	J00005	机	利润		元	0	1.33	0	-0.24			自行采购
	21	J00006	机	人工费		元	0	12.42	0	-2.2			自行采购
	22	J00008	机	车船税		元	0	0.61	0	-0.11			自行采购

图 6.37 查看增减说明

c.编辑"增减说明"。选择一条人材机,双击其"增减说明"栏,就可以手工编辑增减说明,如图 6.38 所示。

图 6.38 编辑增减说明

注意:

在功能区单击"增减说明"下拉选项,选择"批量删除",可以批量删除软件自动生成的增减说明;选择"批量生成",可以还原之前删除的增减说明,如图 6.39 所示。

图 6.39 批量处理增减说明

5)费用审核

进入"费用汇总"界面,审核送审工程的计算基数和费率,在"审定结算"中修改计算基数或费率,软件自动生成增减金额。审核结束后,可以清晰地看到送审值和审定值之间的差额,如图 6.40 所示。

图 6.40 费用审核

6.4.5 场景五:合同外审核

1)分部分项工程量清单审核

送审工程合同外分部分项工程量清单的审核情形,一般有删除原有清单项目、修改原有项目的清单工程量和新增清单项目。

操作过程如下:

①删除原有清单项目:选中清单项,单击鼠标右键选择"删除",如图 6.41 所示。

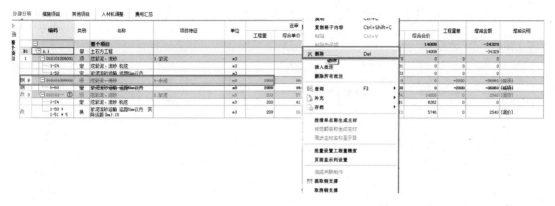

图 6.41 删除合同外分部分项工程量清单

②修改原有项目的清单工程量:当原有项目清单工程量发生改变时,可以直接修改审定工程量,如图 6.42 所示。

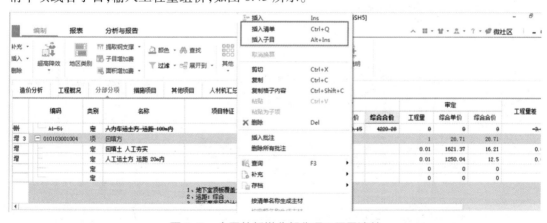

图 6.42 修改合同外分部分项清单工程量

③新增清单项目:当合同外存在有超出原有项目工程量清单时,可以单击鼠标右键添加清单项或者子目,输入工程量组价,如图 6.43 所示。

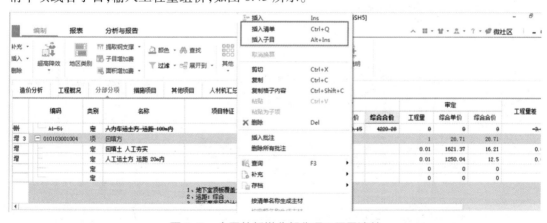

图 6.43 合同外新增分部分项工程量清单

2)措施项目审核

送审工程合同外措施项目审核可以依据项目的实际情况在软件中进行"删除"或"插入"操作。

操作过程如下：需要删除措施项时，选中措施项，单击鼠标右键选择"删除"；需要增加措施项时，单击鼠标右键选择"插入"，如图 6.44 所示。

	编码	送审				审定		
		计算基数(工程量)	费率(%)	综合单价	综合合价	计算基数(工程量)	费率(%)	综合
14	⊟ 1.7	1		0		1		
15	⊟	1		0	0	1		
		0		0	0	0		
改 16	1.8	FBFXHJ	3.18	37154.12	37154.12	FBFXHJ	3.18	36
	⊟ 2				0			
17	2.1	FBFXHJ	0	0	0	FBFXHJ	0	
18	2.2		20	0	0		20	
19	2.3	FBFXHJ	0	0	0	FBFXHJ	0	
20	2.4		1	0	0		1	
21	⊟ 2.5		1	0	0		1	
22	⊟		1	0	0		1	
			0	0	0		0	
23	⊟ 2.6		1	0	0		1	
24	⊟		1	0	0		1	

右键菜单：
插入	Ins
插入标题	Ctrl+Ins
插入子项	Ctrl+Alt+Ins
插入清单	Ctrl+Q
插入子目	Alt+Ins
插入措施项	
取消换算	
编辑实物量明细	
剪切	Ctrl+X
复制	Ctrl+C
复制格子内容	Ctrl+Shift+C
粘贴	Ctrl+V
粘贴为子项	
✕ 删除	Del
插入批注	
删除所有批注	

右侧列：减说明、单价构成文件、措施模板:建筑工、建筑工程、[建筑工程]、激)、缺省模板(实物量或计算公…、缺省模板(实…、缺省模板(实…、缺省模板(实…、建筑工程、[建筑工程]、建筑工程

图 6.44　合同外措施项目审核

3) 人材机审核

送审工程合同外人材机审核可以依据项目的实际情况在软件中进行单价调整。

操作过程如下：

①切换到"人材机汇总"界面，选择"人材机参与调差"，如图 6.45 所示。

图 6.45　合同外选择"人材机参与调差"

②审核材料价格，直接在"审定结算"中的"结算单价"内进行修改即可，如图 6.46 所示。

	编码	类别	名称	单位	规格型号	送审结算			审定结算		
						数量	结算单价	价差合计	数量	结算单价	单位价差
1	0001001	人	综合工日	工日		4647.7966	51	0	4647.7966	51	0
改 2	0103031	材	镀锌低碳钢丝	kg	φ0.7~1.2	42.4495	0	0	42.4495	4.76	0
改 3	0109031	材	圆钉	t	Φ10以内	4.7858	0	0	4.7858	3757.47	0
改 4	0227101	材	无纺布	m2		7691.4161	0	0	7691.4161	3.5	0
改 5	0401013	材	复合普通硅酸盐水泥		P.C 32.5	8.3093	0	0	8.3093	317.07	0
改 6	0403021	材	中砂	m3		0.0545	0	0	0.0545	49.98	0
改 7	0413001	材	标准砖	千块	240×115×53	4.4378	0	0	4.4378	270	0
改 8	0501041	材	松杂原木	m3	φ100~280	0.0163	0	0	0.0163	763.58	0
改 9	0503051	材	松杂板枋材	m3		0.0178	0	0	0.0178	1313.52	0
改 10	1103061	材	聚氨酯甲料	kg		7992.0256	0	0	7992.0256	6.11	0
改 11	1103611	材	聚氨酯乙料	kg		12504.0602	0	0	12504.0602	20.27	0
改 12	1143221	材	聚合物乳液	kg		307.2132	0	0	307.2132	2.42	0
改 13	1231061	材	甲苯	kg		962.2505	0	0	962.2505	3.28	0
改 14	3115001	材	水	m3		1688.1218	0	0	1688.1218	2.8	0
改 15	8021903	材	普通商品混凝土 碎石	m3	C20	399.7711	0	0	399.7711	240	0

左侧：所有人材机、人工表、材料表、机械表、设备表、主材表、价差

图 6.46　合同外人材机价差调整

4) 费用审核

送审工程合同外费用审核包括费率和计算基数两个方面的内容。

操作过程如下：切换到"费用汇总"界面，根据项目实际情况修改"审定"下的"费率（％）"或"计算基数"，如图 6.47 所示。

图 6.47　合同外费用审核

6.4.6　场景六：分析与报告

审核结束后，需要针对分析结果出一份审核报告。

1）查看生成的审核报告

操作过程如下：将软件中的一级导航切换到"分析与报告"，软件会自动生成一份结算审核报告，如图 6.48 所示。

图 6.48　查看生成的审核报告

2）查看审核数据

审核结束后，要汇总审核的量、价的差，方便输入审核报告中。

操作过程如下：将软件中的一级导航切换到"分析与报告"，软件会自动生成审核数据，涵盖项目信息和费用信息，如图 6.49 所示。

图 6.49　查看审核数据

3) 查看增减分析数据

审核结束后,需要详细看到每项增减的具体数据,以便进行分析与总结。

操作过程如下:将软件中的一级导航切换到"分析与报告",单击"增减分析数据"即可查看,如图 6.50 所示。

图 6.50　查看增减分析数据

注意:

在"增减分析数据"中按照清单工程量、子目单价、清单错套、清单增加、清单删除等项给出了各项数据增减。

4)编辑报告

操作过程如下：

①将软件中的一级导航切换到"分析与报告"，软件会自动生成一份结算审核报告，可以在自动生成的报告上修改对应的项目信息，如图 6.51 所示。

图 6.51　编辑报告

②编辑状态下单击"预览"可以查看报告的信息填写，预览状态下单击"编辑"可以继续编辑报告信息。

5)导出报告

操作过程如下：结算审核报告编辑完后，在功能区选择"生成 WORD 文件"即可导出报告，如图 6.52 所示。

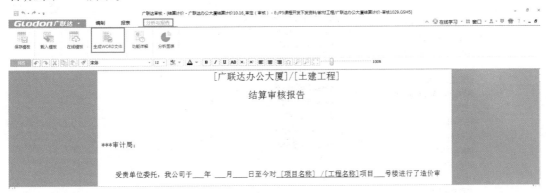

图 6.52　导出报告

注意：

软件还支持"载入模板"和"保存模板"的功能，可以载入之前写好的历史报告，也可以将新写好的报告保存为模板供以后使用，如图 6.53 所示。

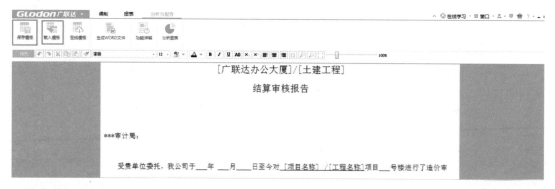

图 6.53 "载入模板"和"保存模板"

6.4.7 场景七：报表输出

审核完成后,需要导出 Excel、PDF 报表,如果没有相应报表,审核人员可以在报表管理中找到后台保存的报表,或者自己新建按照招标人格式要求设计的报表,最后把这些报表进行排序、批量打印或导出。

1) 批量导出报表到 Excel 或 PDF

操作过程如下:

①将软件中的一级导航切换到"报表",选择功能区"批量导出 Excel"或"批量导出 PDF",如图 6.54 所示。下面以导出 Excel 为例进行介绍。

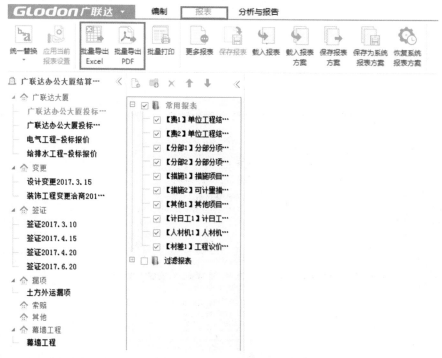

图 6.54 选择报表导出方式

②单击"批量导出 Excel",在弹出的"批量导出 Excel"对话框中,可以根据不同需要选择报表的类型,如图 6.55 所示。

图 6.55　选择报表类型

③报表类型选择"过滤报表"，可将过滤项导出报表，如图 6.56 所示。

图 6.56　过滤报表

④可以对报表进行批量选择，如图 6.57 所示。

⑤可以在"导出设置"中对 Excel 的页眉页脚位置、导出数据模式、批量导出 Excel 选项进行选择，如图 6.58 所示。

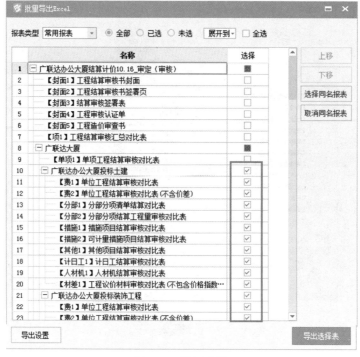

图 6.57　批量选择

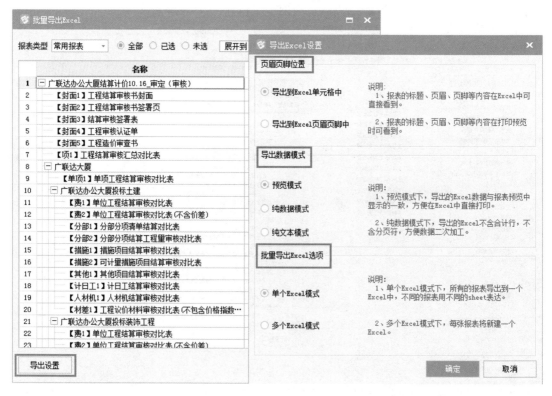

图 6.58　导出设置

2) 批量打印

操作过程如下：

①将软件中的一级导航切换到"报表",选择功能区的"批量打印",如图 6.59 所示。

②在弹出的"批量打印"对话框中,勾选需要打印的文件,如图 6.59 所示。

图 6.59 批量打印文件选择

③对报表进行连续打印设置,根据工程需要对起始页、自定义总页数进行调整,也可以对连打页码位置、连打页码风格进行设置,还可以对打印份数进行设置,如图 6.60 所示。

图 6.60 打印设置

④设置完毕后,单击"打印"按钮即可打印。

3)更多报表

操作过程如下:

①将软件中的一级导航切换到"报表",选择功能区的"更多报表",如图 6.61 所示。

②在弹出的窗口中,对于一些不常用的报表,用户可以在此进行选择,如图 6.62 所示。

③单击"批量复制到工程文件",把需要的报表复制到所在的工程文件中,如图 6.63 所示。

④复制后,填加的报表会显示在报表界面中。

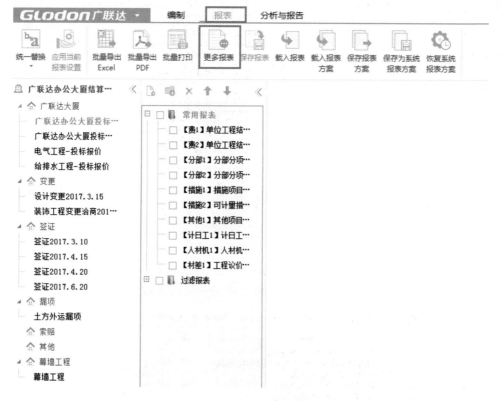

图 6.61　选择"更多报表"

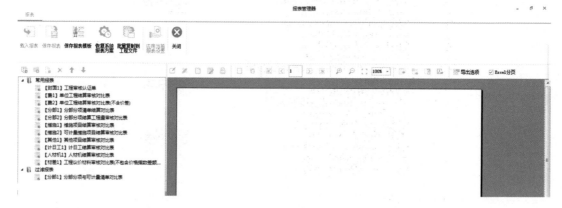

图 6.62　选择不常用的报表

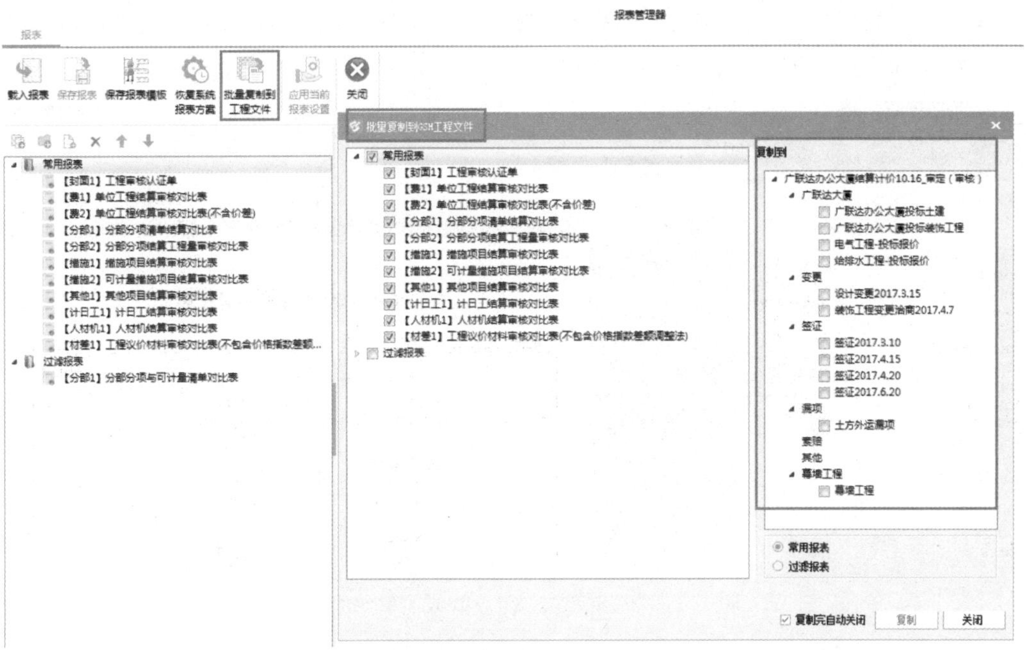

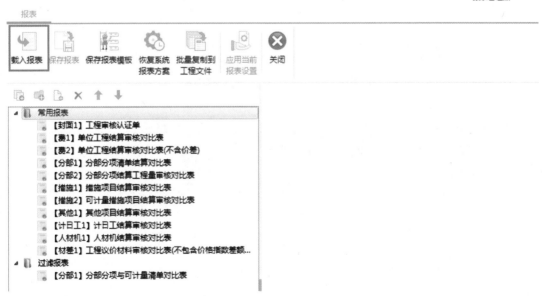

图 6.63　批量复制不常用的报表

4) 载入报表和保存报表

操作过程如下：

①将软件中的一级导航切换到"报表"，选择功能区的"载入报表"，就可以把需要的报表载入工程文件中，如图 6.64 所示。

图 6.64　载入报表

②单击"保存报表",选择需要保存的报表,可以按软件提供的默认保存路径进行保存,也可以自己选择路径进行保存,如图 6.65 所示。

图 6.65　保存报表

③单击"保存"按钮,成功保存后提示"保存成功",如图 6.66 所示。

图 6.66　报表保存成功

6.4.8　保存与退出

在"Glodon 广联达"下拉菜单下,完成文件的保存与退出。

操作过程如下:

①选择"保存(Ctrl+S)",将保存当前工程文件到默认的保存路径下,如图 6.67 所示。

②选择"退出",将退出广联达云计价平台 GCCP5.0,关闭所有工程文件,如图 6.68 所示。

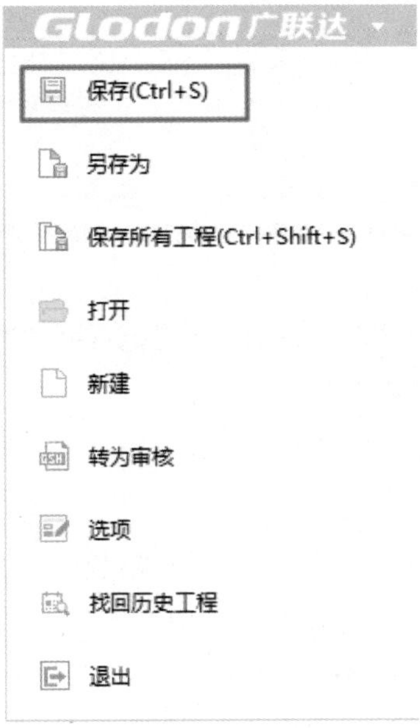

图 6.67　保存当前工程文件

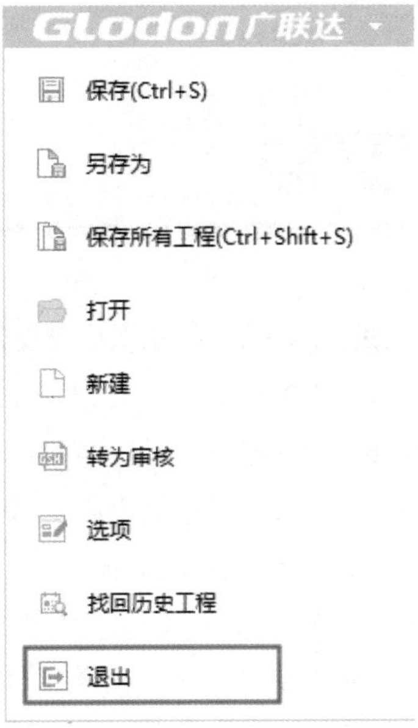

图 6.68　退出软件

参考文献

［1］中华人民共和国住房和城乡建设部. 建设工程工程量清单计价规范：GB 50500—2013［S］.北京：中国计划出版社,2013.

［2］中华人民共和国住房和城乡建设部. 房屋建筑与装饰工程工程量计算规范：GB 50854—2013［S］.北京：中国计划出版社,2013.

［3］规范编制组.2013 建设工程计价计量规范辅导［M］.北京：中国计划出版社,2013.

［4］阎俊爱,张素姣. 建筑工程概预算［M］. 北京：化学工业出版社,2014.

［5］朱溢镕,阎俊爱,韩红霞. 建筑工程计量与计价［M］. 北京：化学工业出版社,2016.

［6］方春艳.工程结算与决算［M］.北京：中国电力出版社,2016.

［7］苗曙光.建筑工程竣工结算编制与筹划指南［M］.北京：中国电力出版社,2006.

［8］许斌成.建筑工程工程量清单计价全程解析：从招标投标到竣工结算［M］.长沙：湖南大学出版社,2009.

［9］孔燕平.市政道路竣工结算方法研究［J］.城市建设理论研究（电子版）,2011（21）.

［10］黄麒.关于铁路工程验工计价的思考［J］.低碳世界,2016（11）:198-199.

［11］陈汪全.工程项目全过程造价确定与控制方法研究［D］.天津：南开大学,2005.

［12］胡团结.工程项目竣工结算审计的研究与探讨［D］.上海：同济大学,2007.

［13］卢丽群.工程竣工结算的一般程序及方法［J］.城市建设理论研究（电子版）,2012（15）.

［14］张健.浅谈市政工程结算的审核［J］.城市建设理论研究（电子版）,2016（4）.

［15］徐元华.浅谈造价工程师对工程进度款的控制工作［J］.城市建设理论研究（电子版）,2013（23）.

［16］吉锋.浅析建设工程竣工结算管理的重点［J］.山西建筑,2018（3）:233-234.

［17］黄宾彬,杨毅.浅谈公路工程计量支付原则和方法［J］.山西建筑,2009（14）:214-215.

［18］张鼎祖,谢志明,喻采平,等.工程项目审计学［M］.北京：人民交通出版社,2013.

［19］赵庆华.工程审计［M］.2 版.南京：东南大学出版社,2015.

［20］李永福,杨宏民,吴玉珊,等.建设项目全过程造价跟踪审计［M］.北京：中国电力出版社,2016.